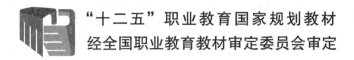

"十二五"职业教育国家规划教材

经全国职业教育教材审定委员会审定

工程制图软件应用

（Inventor 2014）

胡　尹　陈晓晖　主　编

电子工业出版社

Publishing House of Electronics Industry

北京·BEIJING

内 容 简 介

本书根据教育部颁发的《中等职业学校专业教学标准（试行）信息技术类（第一辑）》中的相关教学内容和要求编写。本书的编写从满足经济发展对高素质劳动者和技能型人才的需求出发，在课程结构、教学内容、教学方法等方面进行了新的探索与改革创新，以利于学生更好地掌握本课程的内容，利于学生理论知识的掌握和实际操作技能的提高。本书共 7 章，系统介绍了 Inventor 2014 基础知识、草图的绘制、基于特征建模、部件设计、工程图、表达视图、渲染等内容。

本书是软件与信息服务专业核心课程教材，也可供各种工程制图软件培训课程作为教材使用，也适合需要提高自己计算机应用技能的广大计算机爱好者使用。

本书配有教学指南、电子教案和案例素材，详见前言。

未经许可，不得以任何方式复制或抄袭本书之部分或全部内容。

版权所有，侵权必究。

图书在版编目（CIP）数据

工程制图软件应用. Inventor 2014 / 胡尹，陈晓晖主编. —北京：电子工业出版社，2016.4

ISBN 978-7-121-24887-0

Ⅰ. ①工… Ⅱ. ①胡… ②陈… Ⅲ. ①工程制图—应用软件—中等专业学校—教材 Ⅳ. ①TB23

中国版本图书馆 CIP 数据核字（2014）第 275114 号

策划编辑：肖博爱
责任编辑：郝黎明
印　　刷：三河市兴达印务有限公司
装　　订：三河市兴达印务有限公司
出版发行：电子工业出版社
　　　　　北京市海淀区万寿路 173 信箱　邮编　100036
开　　本：787×1 092　1/16　印张：11.5　字数：294.4 千字
版　　次：2016 年 4 月第 1 版
印　　次：2016 年 4 月第 1 次印刷
定　　价：28.00 元

凡所购买电子工业出版社图书有缺损问题，请向购买书店调换。若书店售缺，请与本社发行部联系，联系及邮购电话：(010) 88254888，88258888。

质量投诉请发邮件至 zlts@phei.com.cn，盗版侵权举报请发邮件至 dbqq@phei.com.cn。

本书咨询联系方式：(010) 88254500。

编审委员会名单

主任委员：

武马群

副主任委员：

王 健　韩立凡　何文生

委　　员：

丁文慧	丁爱萍	于志博	马广月	马永芳	马玥桓	王 帅	王 苒	王 彬
王晓姝	王家青	王皓轩	王新萍	方 伟	方松林	孔祥华	龙天才	龙凯明
卢华东	由相宁	史宪美	史晓云	冯理明	冯雪燕	毕建伟	朱文娟	朱海波
向 华	刘 凌	刘 猛	刘小华	刘天真	关 莹	江永春	许昭霞	孙宏仪
杜 珺	杜宏志	杜秋磊	李 飞	李 娜	李华平	李宇鹏	杨 杰	杨 怡
杨春红	吴 伦	何 琳	佘运祥	邹贵财	沈大林	宋 薇	张 平	张 侨
张 玲	张士忠	张文库	张东义	张兴华	张呈江	张建文	张凌杰	张媛媛
陆 沁	陈 玲	陈 颜	陈丁君	陈天翔	陈观诚	陈佳玉	陈泓吉	陈学平
陈道斌	范铭慧	罗 丹	周 鹤	周海峰	庞 震	赵艳莉	赵晨阳	赵增敏
郝俊华	胡 尹	钟 勤	段 欣	段 标	姜全生	钱 峰	徐 宁	徐 兵
高 强	高 静	郭 荔	郭立红	郭朝勇	黄 彦	黄汉军	黄洪杰	崔长华
崔建成	梁 姗	彭仲昆	葛艳玲	董新春	韩雪涛	韩新洲	曾平驿	曾祥民
温 晞	谢世森	赖福生	谭建伟	戴建耘	魏茂林			

序 | PROLOGUE

当今是一个信息技术主宰的时代，以计算机应用为核心的信息技术已经渗透到人类活动的各个领域，彻底改变着人类传统的生产、工作、学习、交往、生活和思维方式。和语言和数学等能力一样，信息技术应用能力也已成为人们必须掌握的、最为重要的基本能力。可以说，信息技术应用能力和计算机相关专业，始终是职业教育培养多样化人才，传承技术技能，促进就业创业的重要载体和主要内容。

信息技术的发展，特别是数字媒体、互联网、移动通信等技术的普及应用，使信息技术的应用形态和领域都发生了重大的变化。第一，计算机技术的使用扩展至前所未有的程度，桌面电脑和移动终端（智能手机、平板电脑等）的普及，网络和移动通信技术的发展，使信息的获取、呈现与处理无处不在，人类社会生产、生活的诸多领域已无法脱离信息技术的支持而独立进行。第二，信息媒体处理的数字化衍生出新的信息技术应用领域，如数字影像、计算机平面设计、计算机动漫游戏和虚拟现实等。第三，信息技术与其他业务的应用有机地结合，如商业、金融、交通、物流、加工制造、工业设计、广告传媒和影视娱乐等，使之各自形成了独有的生态体系，综合信息处理、数据分析、智能控制、媒体创意和网络传播等日益成为当前信息技术的主要应用领域，并诞生了云计算、物联网、大数据和 3D 打印等指引未来信息技术应用的发展方向。

信息技术的不断推陈出新及应用领域的综合化和普及化，直接影响着技术、技能型人才的信息技术能力的培养定位，并引领着职业教育领域信息技术或计算机相关专业与课程改革、配套教材的建设，使之不断推陈出新、与时俱进。

2009 年，教育部颁布了《中等职业学校计算机应用基础大纲》。2014 年，教育部在 2010 年新修订的专业目录基础上，相继颁布了"计算机应用、数字媒体技术应用、计算机平面设计、计算机动漫与游戏制作、计算机网络技术、网站建设与管理、软件与信息服务、客户信息服务、计算机速录"等 9 个信息技术类相关专业的教学标准，确定了教学实施及核心课程内容的指导意见。本套教材就是以以上大纲和标准为依据，结合当前最新的信息技术发展趋势和企业应用案例组织开发和编写的。

本书的主要特色

- ● **对计算机专业类相关课程的教学内容进行重新整合**

本套教材本套教材面向学生的基础应用能力，设定了系统操作、文档编辑、网络使用、数据分析、媒体处理、信息交互、外设与移动设备应用、系统维护维修、综合业务运用等内容；针对专业应用能力，根据专业和职业能力方向的不同，结合企业的具体应用业务规划了教材内容。

- ● **以岗位工作过程来确定学习任务和目标，综合提升学生的专业能力、过程能力和职位差异能力**

本套教材通过以工作过程为导向的教学模式和模块化的知识能力整合结构，力求实现产业需求与专业设置、职业标准与课程内容、生产过程与教学过程、职业资格证书与学历证书、终身学习与职业教育的"五对接"。从学习目标到内容的设计上，本套教材不再仅仅是专业理论内容的复制，而是经由职业岗位实践——工作过程与岗位能力分析——技能知识学习应用内化的学习实训导引和案例。借助知识的重组与技能的强化，达到企业岗位情境和教学内容要求相贯通的课程融合目标。

- ● **以项目教学和任务案例实训为主线**

本套教材通过项目教学，构建了工作业务的完整流程和岗位能力需求体系。项目的确定应遵循三个基本目标：核心能力的熟练程度，技术更新与延伸的再学习能力，不同业务情境应用的适应性。教材借助以校企合作为基础的实训任务，以应用能力为核心、以案例为线索，通过设立情境、任务解析、引导示范、基础练习、难点解析与知识延伸、能力提升训练和总结评价等环节，引领学习者在完成任务的过程中积累技能、学习知识，并迁移到不同业务情境的任务解决过程中，使学习者在未来可以从容面对不同应用场景的工作岗位。

当前，全国职业教育领域都在深入贯彻全国职教工作会议精神，学习领会中央领导对职业教育的重要批示，全力加快推进现代职业教育。国务院出台的《加快发展现代职业教育的决定》明确提出要"形成适应发展需求、产教深度融合、中职高职衔接、职业教育与普通教育相互沟通，体现终身教育理念，具有中国特色、世界水平的现代职业教育体系"。现代职业教育体系的建立将带来人才培养模式、教育教学方式和办学体制机制的巨大变革，这无疑给职业院校信息技术应用人才培养提出了新的目标。计算机类相关专业的教学必须要适应改革，始终把握技术发展和技术技能人才培养的最新动向，坚持产教融合、校企合作、工学结合、知行合一，为培养出更多适应产业升级转型和经济发展的高素质职业人才做出更大贡献！

前言 | PREFACE

为建立健全教育质量保障体系，提高职业教育质量，教育部于 2014 年颁布了中等职业学校专业教学标准（以下简称专业教学标准）。专业教学标准是指导和管理中等职业学校教学工作的主要依据，是保证教育教学质量和人才培养规格的纲领性教学文件。在"教育部办公厅关于公布首批《中等职业学校专业教学标准（试行）》目录的通知"（教职成厅[2014]11 号文）中，强调"专业教学标准是开展专业教学的基本文件，是明确培养目标和规格、组织实施教学、规范教学管理、加强专业建设、开发教材和学习资源的基本依据，是评估教育教学质量的主要标尺，同时也是社会用人单位选用中等职业学校毕业生的重要参考。"

本书特色

本书根据教育部颁发的《中等职业学校专业教学标准（试行）信息技术类（第一辑）》中的相关教学内容和要求编写。

本书共 7 章，系统介绍了 Inventor 2014 基础知识、草图的绘制、基于特征建模、部件设计、工程图、表达视图、渲染等内容。

本书是软件与信息服务专业核心课程教材，也可供各种工程制图软件培训课程作为教材使用，也适合需要提高自己计算机应用技能的广大计算机爱好者使用。

本书作者

本书由胡尹、陈晓晖主编，由于编者水平有限，书中难免存在疏漏之处，敬请广大读者批评指正。

教学资源

为了提高学习效率和教学效果，方便教师教学，作者为本书配备包括电子教案、教学指南、素材文件、微课，以及习题参考答案等配套的教学资源。请有此需要的读者登录华信教育资源网（http://www.hxedu.com.cn）免费注册后进行下载，有问题时请在网站留言板留言或与电子工业出版社联系（E-mail:hxedu@phei.com.cn）。

编者

CONTENTS | 目录

Inventor 2014 基础知识

Autodesk Inventor 是由美国 Autodesk 公司推出的一款三维可视化实体模拟软件，它是一款全面的设计工具软件，功能涵盖了产品从草图设计、零件设计、零件装配、分析计算、视图表达、模具设计、工程图设计等全过程，还包括了专业的运动仿真、结构性分析、应力分析、三维布线、三维布管等功能。

通过基于 Inventor 软件的数字样机解决方案，能够以数字方式设计、可视化和仿真产品，进而提高产品质量，减少开发成本，缩短产品上市时间。

1.1 Autodesk Inventor 产品特点

Inventor 和其他同类产品相比，具有强大的三维造型能力，有良好的设计表达能力，与其他三维 CAD 软件相比，它具有以下特点。

1. 简单易懂的操作界面

Autodesk Inventor 采用了通用的功能区界面，与 Microsoft Office 最新的风格一致，此界面根据功能的不同划分成若干功能区域，方便用户操作。

2. 智能简便的操作方式

直接操纵作为一种新的用户界面，使用户可以直接参与模型交互及修改模型，同时还可以实时查看更改。生成的交互是动态的、可视的，而且是可预测的。在本书"第 3 章 基于特征建模"可以深刻地体会使用 Inventor 软件建模的快捷与便利。

3. 简化模具设计

（1）Autodesk Inventor 在三维模拟和装配中使用自适应的技术，通过应用此技术，一个零件及其特征可自动去适应另一个零件及其特征，从而保证这些零件在装配的时候能够相互吻合。在本书的"4.9 自适应设计"一节中，将详细介绍。

（2）在实际的产品设计中，Inventor 软件可以根据不同的材质的需求，提供了专用的特征。如：为塑料产品外壳的组装设计了止口、卡扣、凸柱等特征；为金属板材的加工提供了凸缘、卷边、异形板、折弯、折叠等特征。

（3）几乎所有产品中都包含有标准零件。这些标准件的所有尺寸、形状均有相关的标准已经确定，故设计过程中自行建立标准件的模型显然没有必要。Inventor 的"资源中心"工具能够帮助用户在需要使用标准件时，将标准件模型调入部件环境中，并自动识别所需的规格。

4．加强设计沟通与协作

为了充分利用互联网和自联网的优势，一个设计组的多位设计师可使用一个共同的用户组搜索路径和共用文件来协同工作。在本书"4.1.3 项目文件"一节中，将详细讲述 Inventor 软件在协同工作方面的方法。

5．支持多种数据格式

Inventor 能够导入、导出多种数据格式，如 IGES、Parasolid、ACIS、STEP 等，方便用户交流，对于来自其他主流 CAD 软件的文件也能够读取自如。

6．强大的二维工程图处理技术

AutoCAD 作为一款优秀的二维设计软件，已经成为业界的标准。而 Inventor 与 AutoCAD 同属 Autodesk 整体解决方案阵容的产品。作为"近亲"，Inventor 继承了 AutoCAD 的很多优势，使来自 AutoCAD 的二维数据能够毫无损失地移植到 3D 环境下。在本书的第 5 章，将详细讲述利用 Inventor 软件，将模型转化成工程图的方法及步骤，且出图效果与 AutoCAD 绘图非常相似。

1.2 Inventor 2014 的工作界面

Inventor 软件具有多个功能模块，如：二维草图模块、特征模块、部件模块、工程图模块、表达视图模块等，每一个模块都拥有自己独特的菜单栏、功能区和浏览器，并且由这些菜单栏、功能区和浏览器组成了自己独特的工作环境，最常接触的 6 种工作环境是：草图环境、零件（模型）环境、钣金模型环境、部件（装配）环境、工程图环境和表达视图环境，下面分别简要介绍。

1.2.1 草图环境

在 Inventor 中，绘制草图是创建零件的第一步。草图是截面轮廓特征和创建特征所需的几何图元（如扫掠路径或旋转轴），可通过投影或绘制的方法创建草图。如图 1.1 所示，通过绘制扫掠路径的草图创建实体。

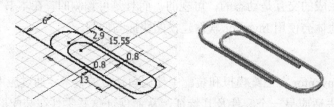

图 1.1　通过绘制扫掠路径的草图创建实体

进入草图环境的两种途径：

（1）新建零件文件，Inventor 默认设置为二维草图环境。

（2）在现有的零件文件中，如果要进入草图环境，首先在浏览器中激活草图，这个操作会激活草图环境中的功能区，这样可为零件特征创建几何图元；也可在创建模型之后，再次进入草图环境，以便修改特征，或者绘制新特征的草图。如图 1.2 所示，在绘制了支撑柱后，新建草图环境，绘制旋转楼梯的草图。

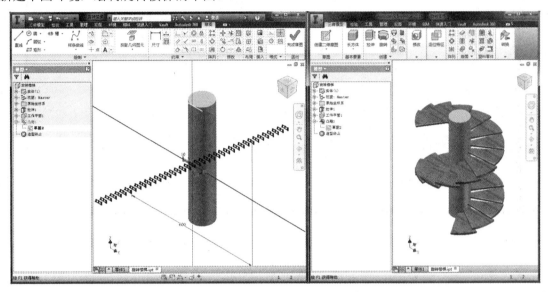

图 1.2　制作旋转楼梯的草图及最终效果图

🔊 想—想

草图环境能帮你做些什么？

用户可通过各种绘图工具在草图环境绘制平面草图、关联设计、标注尺寸等，再在此基础上，通过各种三维建模工具创建三维模型。

1.2.2　零件环境

创建或编辑零件，都会激活零件环境，也叫三维模型环境。可使用零件环境来创建和修改特征、定义定位特征、创建阵列特征等，以及将特征组合为零件。零件环境是用户最常使用的一环。

零件环境下的工作界面由菜单栏、快速工具栏、功能区、浏览器、三维观察工具、ViewCube、状态栏及绘图区组成，如图 1.3 所示。

🔊 想—想

零件环境的主要功能是什么？

零件环境的主要功能是通过多种建模工具来创建三维模型。

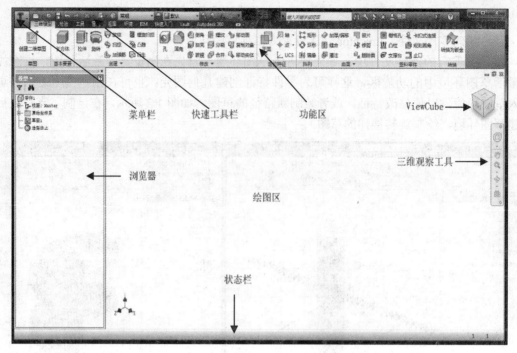

图 1.3　零件（三维模型）环境

🔊 想一想

创建三维模型后，还可以对其特征进行修改加工吗？

创建三维模型后，可依照实际需求，重新修改草图从而得出新的三维模型；或在原模型的基础上，继续进行打孔、圆角、倒角、抽壳等特征修改处理。

1.2.3　部件环境

在 Inventor 中，部件是零件和子部件的集合。在 Inventor 中创建或打开部件文件时，进入了部件环境，也叫装配环境。

传统的产品创建方案，是采用自上而下的方法，即设计者和工程师首先创建方案，然后设计零件，最后把所有的零部件加入到部件中；而使用 Inventor 创建，可通过在创建部件时，创建新零件或者装入现有零件，使设计过程更加简单有效。这种以部件为中心的设计方法支持自上而下、自下而上和混合的设计流程。也就是说设计一个系统，不必先设计单独的基础零件，最后再把它们装配起来，而是可在设计过程中的任何环节创建部件，而不是最后才创建部件。如图 1.4 所示的打印机，由于零部件较多，通常是采用混合的设计流程完成的。

🔊 想一想

"部件"和"零件"有什么不同？

"部件"和"零件"的不同在于："部件"是由若干个"零件"组成的，反之则不行。

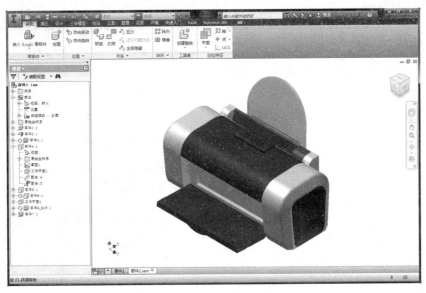

图 1.4　部件环境下设计打印机

想一想

"部件"环境的主要任务是什么？

在"部件环境"中，最主要的工作就是进行"组装零件"，把在"零件环境"中创建的多个零件模型，在"部件环境"中进行组装、测试、改装、二次修改。

想一想

利用 Inventor 创建产品的最大优点是什么？

设计师可在一开始就把握全局设计思想，不再局限于部分，只要全局设计没有问题，部分的设计就不会影响到全局，而是随着全局的变化而自动变化，从而节省了大量的人力，也大大提高了设计的效率。

1.2.4　钣金模型环境

钣金设计原本是在制作过程中，研发成本比较高昂的一个环节。而 Inventor 则能够帮助用户简化复杂钣金零件的设计，提高设计效率与降低研发成本。

钣金零件的特点之一是同一种零件都具有相同的厚度，所以它的加工方式和普通的零件不同。在 Inventor 软件中，为钣金零件和普通零件分别提供了不同的建模工具。

钣金建模和零件建模的方法相似。进入二维草图环境，草图绘制完毕后，单击"三维模型"功能区的"**转换为钣金**"命令，进入"钣金"功能区，即可在"钣金"功能区制作零件。如图 1.5 所示。

需要说明的是，在 Inventor 2014 版的默认功能区中，并没有"**钣金**"功能区。但当零件被指定为钣金后，"**钣金**"功能区才被显现。

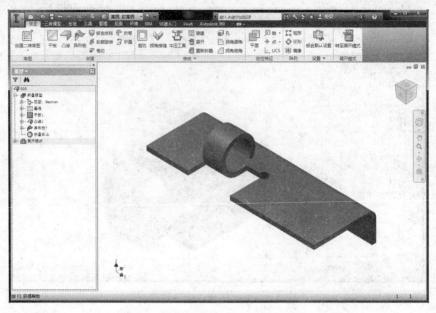

图 1.5　钣金模型环境下制作的零件

1.2.5　工程图环境

在 Inventor 中完成了三维零部件的设计造型后，接下来的工作是要生成零部件的二维工程图。二维工程图是由 Inventor 自动生成的，并可自由选择视图的格式，如标准三视图（主视图、俯视图、侧面视图）、局部视图、打断视图、剖面图、轴测图等，Inventor 还支持生成零件的当前视图，也就是说可从任何方向生成零件的二维视图。图 1.6 所示为使用 Inventor 软件自动生成的风机面板的三视图、局部视图与剖视图。

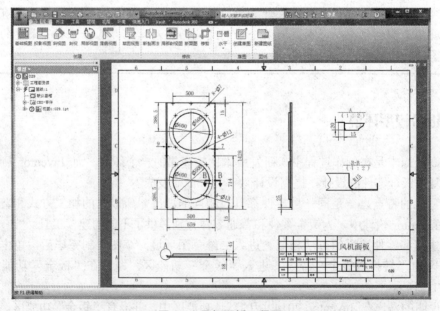

图 1.6　风机面板工程图

想一想

Inventor 软件与 **AutoCAD** 软件同出于一家公司，它们的工程图有区别吗？

Inventor 软件与 AutoCAD 软件是有区别的。

（1）Inventor 的工程图是与"零件"、"部件"、"钣金"等机械模型息息相关的，是由模型的投射中，自动生成二维工程图，而非 AutoCAD 中的全新绘制。

（2）在 Inventor 中，当改变了三维实体尺寸，对应的二维工程图的尺寸会自动更新；当改变了二维工程图的尺寸时，对应的三维实体尺寸也随之改变；而 AutoCAD 的工程图由于是独立绘制的，与三维实体的尺寸没有双向关联。

1.2.6　表达视图环境

"表达视图"是动态显示部件装配过程的一种特定视图，在表达视图中，通过给零件添加位置参数和轨迹线，使其成为动画，能动态演示部件的装配过程。"表达视图"创建的初衷是用于快速培训制造车间装配团队的技术图示、流程图、装配说明图的视频，让装配工人了解产品的零部件，乃至产品通过某种顺序进行拆卸和安装的过程。

表达视图环境提供了视图创建、播放控制等功能。如图 1.7 所示为手机各零件间关系的表达视图。

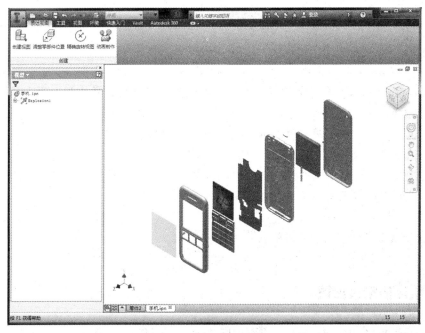

图 1.7　手机的表达视图

1.3　工作界面定制与系统环境设置

在 Inventor 2014 中，需要自己设定的环境参数很多，工作界面也可由自己定制，这样会使得用户可根据自己的实际需求对工作环境进行调节，一个方便高效的工作环境，不仅仅使用户有良好的感觉，还可大大提高工作效率。本节着重介绍如何定制工作界面，如何设置系统环境。

1.3.1 文档设置

在 Inventor 2014 中，可通过"文档设置"对话框，对各工作界面的环境参数，按实际需要进行设置。单击"工具"功能区，在"选项"工具组中单击"文档设置"工具。如图 1.8 和图 1.9 所示，分别为"零件环境中的'文档设置'对话框"和"工程图环境中的'文档设置'对话框"。

图 1.8　零件环境中的"文档设置"对话框图　　　　图 1.9　工程图环境中的"文档设置"对话框

试一试

激活 Inventor 软件的零件环境，打开"文档设置"对话框，单击进入每个选项卡，观察每个选项卡设置的内容。

"标准"选项卡：设置零件光源样式、显示外观及材质；

"单位"选项卡：设置零件或部件文件的度量单位；

"草图"选项卡：设置二维草图的零件捕捉间距、网络间距和三维草图的折弯；

"造型"选项卡：设置自适应或三维捕捉间距；

"BOM 表"选项卡：设置 BOM 表结构、单位；

"默认公差"选项卡：设置标准输出公差值。

1.3.2 系统环境常规设置

在 Inventor 2014 中，可通过"应用程序选项"对话框，对零件环境、部件环境、工程图、文件、颜色、显示等属性进行自定义设置，同时可以将应用程序选项设置导出到 XML 文件中，从而使其便于在各计算机之间使用并易于移植到下一个 Autodesk Inventor 版本。此外，CAD 管理器还可以使用这些设置为所有用户或特定组部署一组用户配置。单击"工具"功能区，在"选项"工具组中单击"应用程序选项"工具，弹出"应用程序选项"对话框，如图 1.10 所示。

试一试

如何利用"应用程序选项"工具，将系统默认的用户界面背景颜色更改成白色背景？
提示：参数设置参考图 1.11 所示。

图 1.10 "应用程序选项"对话框

图 1.11 更改用户界面背景色

本章小结

本章介绍了 Inventor 软件和其他同类产品相比，其显著的特点；简单论述了 Inventor 软件多个功能模块的作用，及自定义工作界面的方法。为进一步学习该软件奠定了基础。

习题 1

1. 根据自己的理解，简述 Inventor 软件的产品特点。
2. 简述 Inventor 软件常用的 6 种工作环境的具体功能。
3. 试一试将用户背景颜色改成一种自己喜欢的颜色。

草图的绘制

在 Inventor 中，草图为设计者将其设计思想转换为实际零部件提供了一个很好的方法。草图是创建零件的基础，没有任何一个零件可以完全脱离草图环境，不会绘制草图也就不会使用 Inventor，所以，当新建一个零件后，Inventor 会自动转换到草图环境。

2.1 草图概述

通常所讲的草图包含了草图平面、坐标系、几何图元、几何约束和尺寸。在草图中定义的元素都是用来进行造型的必要因素。在 Inventor 中，草图是造型特征母体，如果对草图进行了修改，那么造型特征也会随之更新。

绘制草图是进行三维造型的第一步，也是非常基础和关键的一步。在 Inventor 中绘制草图是参数化的，必须要掌握正确的方法和顺序，不然会给设计过程带来很多麻烦。任何产品的设计都不是一次完成的，掌握良好的草图绘制方法，可以减少大量的重复工作，提高工作效率。

2.2 创建二维草图

创建二维草图是指在草图环境下绘制草图。创建二维草图的工具位于"草图"功能区的"绘制"工具组中。

2.2.1 直线与曲线

利用草图绘制面板中的"直线"工具，可以创建直线或者圆弧。

例 2.1 创建三角板的拉伸截面草图，如图 2.1 所示。

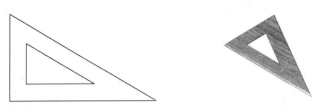

图 2.1 三角板的拉伸截面

操作步骤

（1）新建零件

启动 Inventor2014，单击【新建】按钮，在"新建文件"对话框中选择零件模板图标"Standard.ipt"，单击【创建】按钮，新建一个零件，进入创建零件环境，如图 2.2 所示。

（2）绘制草图

在界面左边的浏览器中选择"原始坐标系"下的"**XY 平面**"，在右键菜单中选择"**新建草图**"命令，在"XY 平面上"新建一个草图，如图 2.3 所示。

图 2.2 "新建文件"对话框

图 2.3 自动捕捉水平和竖直方向

单击"草图"功能区的"直线"工具，光标在绘图区单击直线的起点 A，移动光标位置单击直线终点 B，创建单条直线 AB，连续单击，创建连续直线 BC 和 CA。在绘制直线过程中，Inventor 自动捕捉水平和竖直方向，如图 2.4 所示。

操作提示

（1）使用"直线"工具绘制闭合图形时，在连续创建多条直线后，单击第一条直线的起点。

（2）使用"直线"工具绘制不闭合图形时，在创建单条或多条直线后，单击鼠标右键，在弹出的菜单中选择"确定"命令，如图 2.5 所示，也可以双击鼠标或使用键盘上的【Esc】键。采用此方法完成三角板截面草图的绘制。

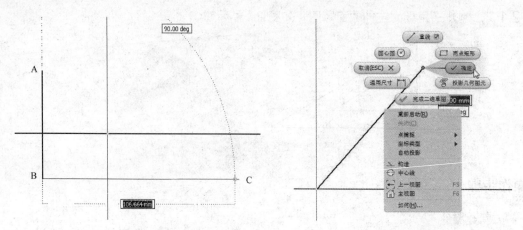

图 2.4　自动捕捉水平和竖直方向　　　　　　　　图 2.5　结束绘制

例 2.2　使用"直线"工具创建 S 型挂钩的扫掠路径草图，如图 2.6 所示。

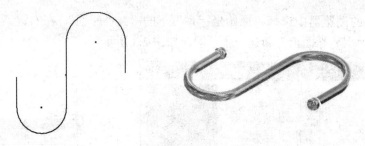

图 2.6　S 型挂钩的扫掠路径

操作步骤

（1）新建零件

启动 Inventor 2014，单击【新建】按钮，在"新建文件"对话框中选择零件模板图标"Standard.ipt"，单击【创建】按钮，新建一个零件，并在"XY 平面"新建一个草图，进入草图绘制环境。

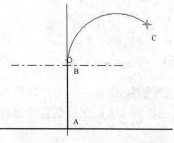

图 2.7　绘制与直线相切的圆弧

（2）绘制草图

单击"草图"功能区的"直线"工具，在绘图区单击直线的起点 A，移动光标位置单击直线的终点 B，将光标移动到直线终点位置，按住鼠标左键不放，沿圆弧路径移动光标，绘制出与现有直线相切的圆弧 C，如图 2.7 所示，在相应位置松开鼠标左键，完成圆弧的绘制并继续绘制直线。采用此方法完成 S 型挂钩的扫掠路径绘制。

操作提示

使用"直线"工具绘制圆弧时，Inventor 会根据光标移动的位置来确定圆弧的方向，可以与直线相切，也可以和直线的法线相切，如图 2.8 所示。

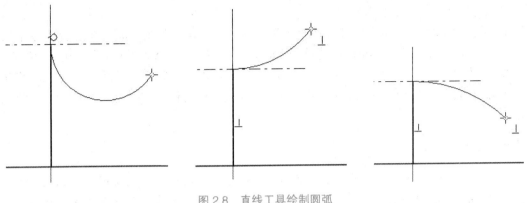

图 2.8　直线工具绘制圆弧

2.2.2　圆与圆弧

在产品设计中，最常用的曲线就是圆和圆弧，利用圆和圆弧可以组成各种曲线形状。

例 2.3　使用"圆"和"圆弧"工具创建马克杯的杯身截面和把手扫掠路径，如图 2.9 所示。

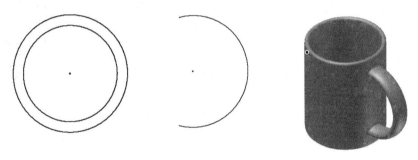

图 2.9　马克杯的杯身截面和把手扫掠路径

操作步骤

（1）新建零件

启动 Inventor 2014，单击【新建】按钮，在"新建文件"对话框中选择零件模板图标"Standard.ipt"，单击【创建】按钮，新建一个零件，并在"XY 平面"新建一个草图，进入草图绘制环境。

（2）绘制杯身截面草图

单击"草图"功能区的"圆"工具，并在图形区域单击确定圆形的圆心 **A**，移动光标位置以调整圆形半径至点 **B**，如图 2.10 所示。

使用相同的方法，在已绘制完成的圆形内绘制另一个小圆形，注意两个圆形的圆心重合。

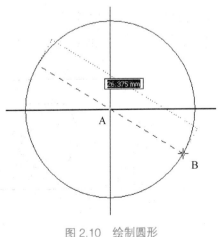

图 2.10　绘制圆形

（3）绘制把手扫掠路径草图

① 单击"草图"功能区的【完成草图】按钮，在界面左边的浏览器中选择"原始坐标系"下的"YZ 平面"，在右键菜单中选择"新建草图"命令，在"YZ 平面上"新建一个草图。

② 单击"草图"功能区的"圆弧"工具，在图形区域单击确定圆弧的起点 A，移动光标位置并单击鼠标左键确定圆弧终点 B，再次移动光标位置调整圆弧半径至点 C，如图 2.11 所示。

📌操作提示

在上述例子中，圆的绘制使用了"圆心圆"的方法，圆弧的绘制使用了"三点圆弧"的方法。在 Inventor 中还有"相切圆"、"相切圆弧"和"圆心圆弧"等绘制方法，需要在对应工具下面的菜单中进行选择，如图 2.12 所示。由于有几何约束和尺寸约束（后面章节介绍），所以其他绘制方法使用得不多。

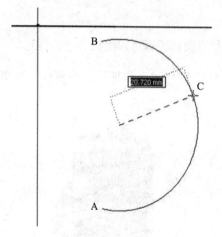

图 2.11　绘制圆弧

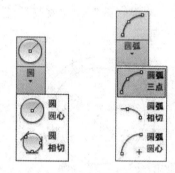

图 2.12　圆与圆弧的其他创建方法

2.2.3　矩形与多边形

使用"矩形"和"多边形"工具可以十分便捷地创建矩形和多边形。

例 2.4 ▌使用"矩形"和"多边形"工具创建零件的拉伸截面，如图 2.13 所示。

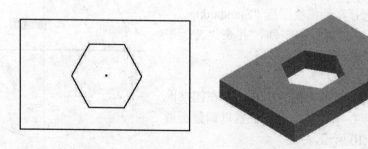

图 2.13　零件的拉伸截面

操作步骤

（1）新建零件

启动 Inventor 2014，单击【新建】按钮，在"新建文件"对话框中选择零件模板图标"Standard.ipt"，单击【创建】按钮，新建一个零件，并在"XY 平面"新建一个草图，进入草图绘制环境。

（2）绘制矩形

单击"草图"功能区的"矩形"工具，在绘图区单击矩形的顶点 **A**，拖曳光标位置至另一顶点 **B**，如图 2.14 所示。

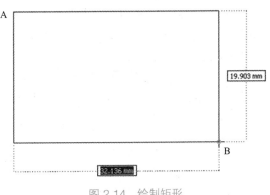

图 2.14　绘制矩形

（3）绘制多边形

① 单击"草图"功能区的"多边形"工具，在弹出的"多边形"对话框中选择"内切"，并输入多边形边数"6"，如图 2.15 所示。

② 在绘图区，单击矩形中心点确定多边形内接圆的圆心 **A**，拖曳光标，调整多边形的内接圆半径至 **B**，如图 2.16 所示。

图 2.15　"多边形"对话框

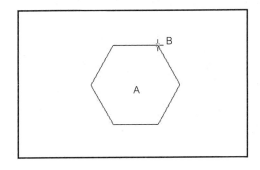

图 2.16　绘制多边形

2.2.4　倒角与圆角

使用"倒角"和"圆角"工具可以完成二维草图的倒角和圆角操作。

例 2.5　使用"倒角"和"圆角"工具将所提供的素材进行修改，如图 2.17 所示。

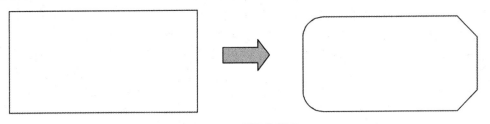

图 2.17　倒角和圆角

操作步骤

（1）打开零件草图

启动 Inventor 2014，单击【打开】按钮，在"打开"对话框中，双击"例 2.5 圆角倒角.ipt"文件，在界面左边的浏览器中双击"草图 1"，进入草图绘制环境。

（2）圆角

单击"草图"功能区的"圆角"工具，在弹出的"二维圆角"对话框中输入圆角尺寸，如图 2.18 所示。在绘图区分别单击需要圆角处理的两条线段，如图 2.19 所示。

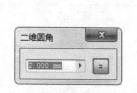

图 2.18 "二维圆角"对话框

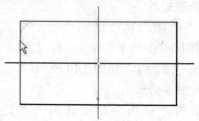

图 2.19 圆角操作

（3）倒角

单击"草图"功能区的"倒角"工具，并在弹出的"二维倒角"对话框中，输入倒角尺寸，如图 2.20 所示。分别单击需要倒角的两条线段，如图 2.21 所示。

图 2.20 "二维倒角"对话框

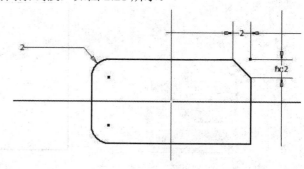

图 2.21 倒角

操作提示

（1）在 Inventor 中，二维草图的"倒角"和"圆角"工具位于同一个命令按钮下，如图 2.22 所示。

（2）在"二维圆角"和"二维倒角"对话框中，单击输入框右边的"▶"按钮，可以提取之前设置的尺寸值。

（3）"二维倒角"有"等边倒角"、"不等边倒角"和"距离和角度倒角"3 种类型供选择，本例采用了"等边倒角"类型。

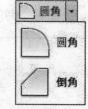

图 2.22 "倒角"和"圆角"工具

2.2.5 投影几何图元

使用"投影几何图元"工具可以将三维模型中的几何图元、定位特征及其他草图中的曲线投影到当前的草图平面上,用于几何图元的约束参考或直接使用。

例 2.6 使用"投影几何图元"工具在所提供素材文件的草图上投影出圆锥底面和工作平面对于圆锥的切割边,如图 2.23 所示。

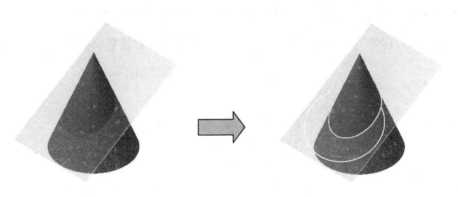

图 2.23 投影几何图元

操作步骤

(1)打开零件草图

启动 Inventor 2014,单击【打开】按钮,在"打开"对话框中双击"例 2.6 投影几何图元.ipt"文件,在界面左边的浏览器中双击"草图 1",进入草图绘制环境。

(2)投影几何图元

单击"草图"功能区的"投影几何图元"工具,单击圆锥底面轮廓,即可在草图中投影出圆锥底面,如图 2.24 所示。

(3)投影切割边

单击"草图"功能区的"投影几何图元"工具下面的三角形,在弹出的菜单中选择"投影切割边",如图 2.25 所示,即可在草图中投影出草图所在平面对于圆锥的切割边。

图 2.24 投影圆锥底面

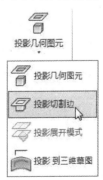

图 2.25 投影切割边工具

2.3 编辑二维草图

使用 Inventor 提供的各种草图编辑工具，可以方便快速地编辑二维草图，使其达到设计要求形状。编辑二维草图的工具位于"草图"功能区的"阵列"和"修改"工具组中。

2.3.1 镜像与阵列

Inventor 提供了两种复制草图几何图元的工具，即镜像工具和阵列工具。

例 2.7 使用"镜像"工具将在所提供素材文件的草图修补完善，如图 2.26 所示。

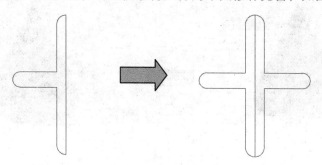

图 2.26 镜像

操作步骤

（1）打开零件草图

启动 Inventor 2014，单击【打开】按钮，在"打开"对话框中双击"例 2.7 镜像.ipt"文件，在界面左边浏览器中双击"草图 1"，进入草图绘制环境。

（2）镜像

在"阵列"工具组中单击"镜像"工具，弹出"镜像"对话框，按对话框的提示选择镜像的图元及镜像线，如图 2.27 所示。

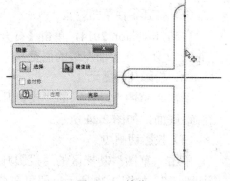

图 2.27 镜像

例 2.8 将素材文件的草图，用"阵列"工具修补完善，如图 2.28 所示。

图 2.28 阵列

操作步骤

（1）打开零件草图

启动 Inventor 2014，单击【打开】按钮，在"打开"对话框中双击"例 2.8 阵列.ipt"文件，在界面左边浏览器中双击"草图 1"，进入草图绘制环境。

（2）环形阵列

选择草图中的阵列图元"圆形"，在"阵列"工具组单击"环形阵列"工具，弹出"环形阵列"对话框，单击"旋转轴"选择按钮及绘图区的坐标原点，如图 2.29 所示。再单击"环形阵列"对话框的【确定】按钮完成环形阵列的操作。

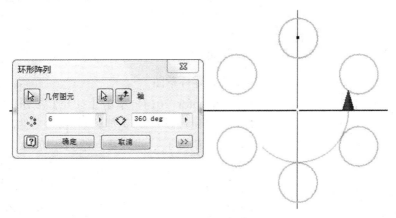

图 2.29　环形阵列

（3）矩形阵列

选择草图中的阵列图元"矩形"，在"阵列"工具组单击"矩形阵列"工具，弹出"矩形阵列"对话框，依次单击对话框的"方向 1"和"方向 2"选择按钮，并对应"方向 1"和"方向 2"分别选择矩形的两条直角边，输入阵列的数量和间距值，如图 2.30 所示。再单击"矩形阵列"对话框中的【确定】按钮即完成矩形阵列操作。

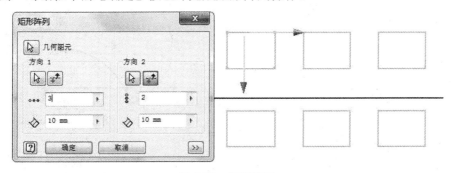

图 2.30　矩形阵列

2.3.2　偏移、延伸与修剪

例 2.9　使用"偏移"、"延伸"和"修剪"工具将素材文件草图修补完善，如图 2.31 所示。

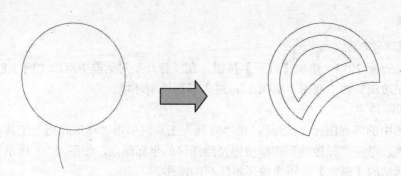

图 2.31　偏移、延伸与修剪

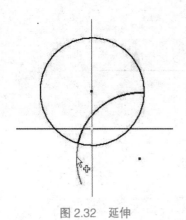

图 2.32　延伸

操作步骤

（1）打开零件草图

启动 Inventor 2014，单击【打开】按钮，在"打开"对话框中双击"例 2.9 偏移延伸修剪.ipt"文件，在界面左边浏览器中双击"草图 1"，进入草图绘制环境。

（2）延伸

在"草图"功能区的"修改"工具组，单击"延伸"工具，单击绘图区的"圆形下方的弧形"，将弧形延伸至圆形内部，如图 2.32 所示。

（3）修剪

单击"草图"功能区的"修剪"工具，在绘图区选择圆形外部的弧形以及在弧形下方的圆形，进行修剪，如图 2.33 所示。

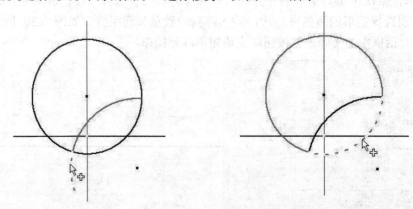

图 2.33　修剪

（4）偏移

单击"草图"功能区的"偏移"工具，在绘图区选择图形轮廓，将光标向内拖曳，在适当位置单击鼠标完成偏移，如图 2.34 所示。将上述操作重复一次，完成整个图形的编辑。

2.4　草图约束

在 Inventor 草图中，几何图元绘制完毕并不代表完成草图，还需要确定草图中几何图元的大小和位置，这就叫草图约束。草图约束工具位于"草图"功能区的"约束"工具组中。

2.4.1　几何约束

几何约束的目的是为了保持各个图元之间的某种固定关系，而这种关系不会因其尺寸或位置的改变而发生变化。

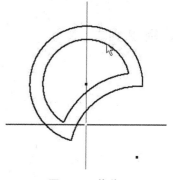

图 2.34　偏移

1. 水平约束和竖直约束

例 2.10　对素材文件的草图图元进行水平约束，如图 2.35 所示。

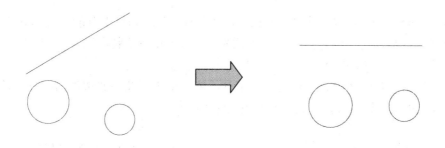

图 2.35　水平约束

操作步骤

（1）打开零件草图

启动 Inventor 2014，单击【打开】按钮，在"打开"对话框中双击"例 2.10 水平竖直约束.ipt"文件，在界面左边浏览器中双击"草图 1"，进入草图绘制环境。

（2）水平约束

单击"草图"功能区的"水平约束"工具，在绘图区单击草图上方直线，将其约束至水平。再次选择"水平约束"工具，依次单击直线下方两个圆形的圆心，即可将其圆心约束至同一水平线上。

练一练

使用上述方法，把"例 2.10"素材文件的草图图元进行竖直约束。

提示：（1）"竖直约束"工具和"水平约束"工具的操作方法相同。

　　　（2）"竖直约束"工具即为功能区中的"垂直约束（I）"工具，其按钮为"⫤"。

2. 平行约束和垂直约束

例 2.11 使用"平行约束"工具和"垂直约束"工具，对素材文件的草图图元进行约束，如图 2.36 所示。

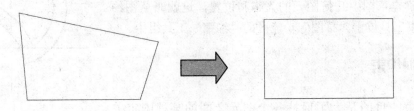

图 2.36 平行约束和垂直约束

操作步骤

（1）打开零件草图

启动 Inventor 2014，单击【打开】按钮，在"打开"对话框中双击"例 2.11 平行垂直约束.ipt"文件，在界面左边浏览器中双击"草图 1"，进入草图绘制环境。

（2）平行约束

单击"草图"功能区的"平行约束"工具，依次单击草图中四边形的上下两条边，将其约束至平行。使用同样的方法，将左右两条边约束至平行。

（3）垂直约束

单击"草图"功能区的"垂直约束"工具，依次单击草图中四边形任意一个角的两条边，将其约束至垂直，即完成整个图形的约束。

3. 重合约束和同心约束

例 2.12 使用"重合约束"工具和"同心约束"工具，对素材文件的草图图元进行约束，如图 2.37 所示。

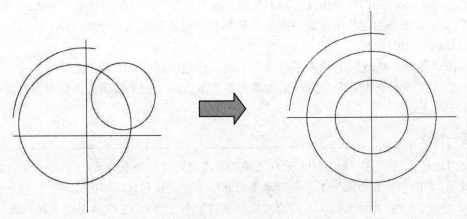

图 2.37 重合约束和同心约束

操作步骤

（1）打开零件草图

启动 Inventor 2014，单击【打开】按钮，在"打开"对话框中双击"例 2.12 重合同心约束.ipt"文件，在界面左边浏览器中双击"草图 1"，进入草图绘制环境。

（2）重合约束

单击"草图"功能区的"重合约束"工具，在绘图区依次单击草图中大圆圆心和两条直线的交点，使大圆圆心与两条直线重合。

（3）同心约束

单击"草图"功能区的"同心约束"工具，在绘图区依次单击草图中大圆和小圆，使两个圆形圆心重合。使用同样的方法，将圆弧和圆形约束至同心。

4．等长约束和共线约束

例 2.13 ‖ 使用"等长约束"工具和"共线约束"工具，对素材文件的草图图元进行约束，如图 2.38 所示。

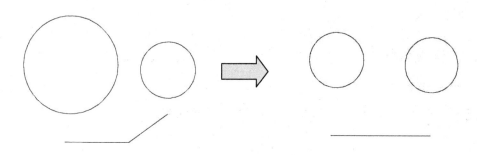

图 2.38　等长约束和共线约束

操作步骤

（1）打开零件草图

启动 Inventor 2014，单击【打开】按钮，在"打开"对话框中双击"例 2.13 等长共线约束.ipt"文件，在界面左边浏览器中，双击"草图 1"，进入草图绘制环境。

（2）等长约束

单击"草图"功能区的"等长约束"工具，依次单击草图中的大圆和小圆，使大圆和小圆的直径相等。

（3）共线约束

单击"草图"功能区的"共线约束"工具，依次单击草图中的两条线段，使两条线段位于同一条直线。

5．相切约束

例 2.14 ‖ 使用"相切约束"工具，对素材文件的草图图元进行约束，如图 2.39 所示。

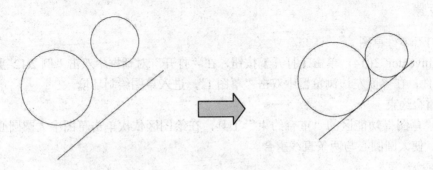

图 2.39　相切约束

操作步骤

（1）打开零件草图

启动 Inventor 2014，单击【打开】按钮，在"打开"对话框中双击"例 2.14 相切约束.ipt"文件，在界面左边浏览器中双击"草图 1"，进入草图绘制环境。

（2）相切约束

单击"草图"功能区的"相切约束"工具，依次单击草图中的大圆和小圆，使大圆和小圆相切；依次单击大圆和直线，使大圆和直线相切；依次单击小圆和直线，使小圆和直线相切。

6．对称约束

例 2.15　使用"对称约束"工具，对素材文件的草图图元进行约束，如图 2.40 所示。

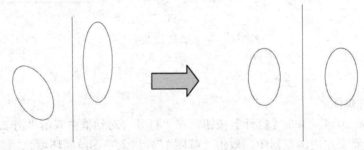

图 2.40　对称约束

操作步骤

（1）打开零件草图

启动 Inventor 2014，单击【打开】按钮，在"打开"对话框中双击"例 2.15 对称约束.ipt"文件，在界面左边浏览器中双击"草图 1"，进入草图绘制环境。

（2）对称约束

单击"草图"功能区的"对称约束"工具，依次单击草图中两个椭圆和直线，使两个椭圆基于直线对称。

2.4.2　尺寸约束

例 2.16　使用"尺寸约束"工具,对素材文件的草图图元进行约束,如图 2.41 所示。

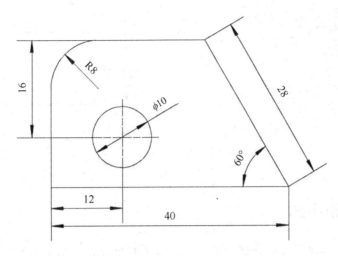

图 2.41　尺寸约束

操作步骤

（1）打开零件草图

启动 Inventor 2014,单击【打开】按钮,在"打开"对话框中双击"例 2.16 尺寸约束.ipt"文件,在界面左边浏览器中双击"草图 1",进入草图绘制环境。

（2）直线尺寸约束

单击"草图"功能区的"尺寸约束"工具,单击图形下方的直线后移动光标,在适当位置单击鼠标确定尺寸位置,并在弹出的"编辑尺寸"对话框中输入尺寸数值（若没有弹出"编辑尺寸"对话框,可以双击尺寸数值,即可弹出对话框编辑尺寸）。

（3）圆形弧形尺寸约束

使用"尺寸约束"工具,单击圆形圆弧,即可按照上述方法约束图形尺寸。

（4）距离尺寸约束

使用"尺寸约束"工具,单击圆形圆心和直线,即可约束圆心到直线的距离。

（5）角度尺寸约束

使用"尺寸约束"工具,单击依次形成夹角的两条边,即可约束该夹角角度。

（6）对齐尺寸约束

使用"尺寸约束"工具,单击图形中右边的斜边,然后单击鼠标右键,在弹出的快捷菜单中选择"对齐"命令,如图 2.42 所示,即可约束斜边的长度。

操作提示

（1）尺寸约束工具用于控制草图中各几何图元的尺寸大小。

（2）在"编辑尺寸"对话框中,输入的可以是数值,也可以是其他尺寸的名称,也可以包含三角函数和运算符号，如图 2.43 所示。

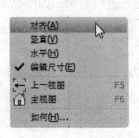

图 2.42　尺寸约束菜单

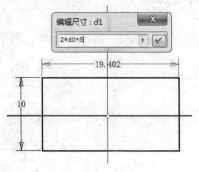

图 2.43　编辑尺寸参数化

本章小结

　　二维草图必须建立在一个二维草图平面上，是进行三维造型的第一步。熟练掌握各种草图绘制工具，能够快速地绘制基本的几何元素，并能够正确添加几何约束和尺寸约束，是绘制草图所要求达到的基本技能。值得一提的是，在实际的产品设计中，草图必须是全约束状态。

习题 2

灵活运用所学知识技巧，绘制如下草图，并进行几何约束和尺寸约束，如图 2.44 所示。

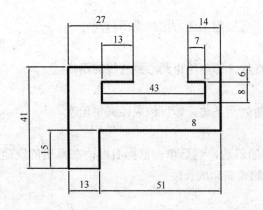

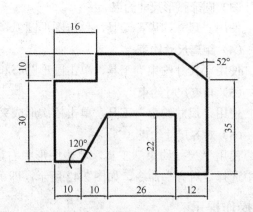

图 2.44　绘制草图

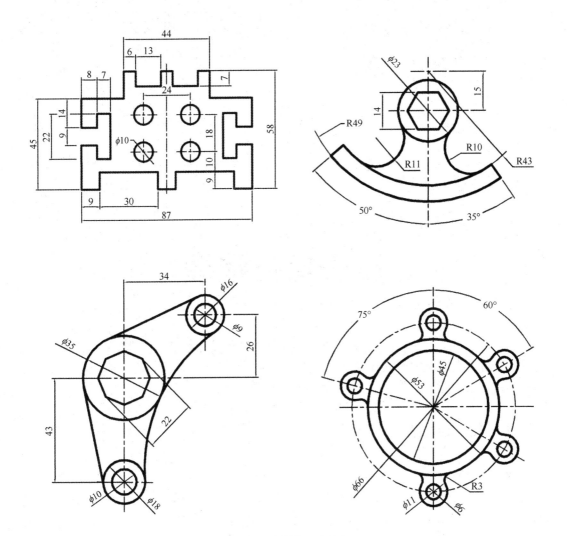

图 2.44 绘制草图（续）

第 3 章

基于特征建模

在 Inventor 中，"基于特征"是零件造型设计的基本设计思想。零件造型设计是指按照一定方法为产品零件建立三维实体模型的过程。产品零件是产品制造过程中的基本单元，可以为后续的装配、工程图、表达视图及工程分析提供重要数据。

3.1 建模概述

1. 特征建模技术

特征是一种综合概念，它除了包含零件的几何信息外，还包括了设计制造等过程所需要的其他信息，如材料信息、尺寸、形状公差、粗糙度等信息。因此，特征包含丰富的工程含义，它是在更高层次上对几何形体上的凹腔、孔、槽等的集成描述。

Inventor 软件中存在四种基本类型的特征：草图特征、放置特征、定位特征和 **iFeature**。

（1）草图特征

在草图的基础上添加的特征，如拉伸、旋转等。

（2）放置特征

在已有特征上添加的特征，如圆角、倒角等。

（3）定位特征

是建模过程中的辅助特征，主要为其他特征的添加提供定位对象，如设置工作点、工作轴、工作平面等。

（4）iFeature

可在设计中保存并重复使用的特征，本书不作讨论。

2. 建模思路

Inventor 2014 的零件建模环境分为草图环境和特征环境。在默认情况下，打开"零件"文件，系统会自动进入草图环境。在建模时，可在草图环境和特征环境下，共同完成零件的建模，且草图环境和特征环境是可以根据需要相互切换的。

利用 Inventor 2014 软件创建零件模型的基本思路是什么？

使用 Inventor 2014 软件创建零件模型的基本思路是：

（1）形体分析或工程图分析。将零件的整体形状分解为若干个简单单元或零件结构。

（2）绘制草图。根据基本单元体的造型，画出截面轮廓或路径等二维图形。

（3）添加特征。一般先通过草图特征，完成产品的简单造型；然后再通过放置特征，创建零件的具体结构。

（4）重复步骤（2）、（3），逐一完成各个基本单元体和零件结构的造型，最终完成整个零件的建模。

3.2 定位特征

在第 2 章已经学习了几何图形的绘制和修改。在此基础上，可以进行本章的学习——特征的创建和应用。创建特征，往往需要在不同的草图里绘制几何图形，以便在特征的基础上再次创建特征。那么确立草图，就需要有相应的平面，而平面的建立则依靠已有的平面、工作轴或工作点。本节主要讲述的内容是工作平面、工作轴、工作点的建立。

3.2.1 基准定位特征

每个零件都包含一组默认的工作平面、工作轴和中心点。这些默认的定位特征位于零件浏览器的"原始坐标系"文件夹中，又称为基准定位特征。使用这些基准定位特征可定义零件设计的初始方向，如图 3.1 所示。

当创建新的零件文件时，系统默认的平面是什么？

当创建新的零件文件时，系统默认的平面是 XY 平面。

当创建新的零件文件时，为什么通常把草图的中心点设置在原始坐标系的原点上？

当创建新的零件文件时，通常把零件草图的中心点设置在原始坐标系的原点上，这样系统默认定位特征的 3 个平面及 3 条轴都经过零件草图的中心点，方便进一步创建零件的其他特征。如图 3.2 所示，在绘制桌子时，通常把原始坐标系的原点设置在桌面的中心点。

图 3.1 基准定位特征

图 3.2 将桌面设置在原始坐标系的原点上

3.2.2 创建工作点

工作点是参数化的构造点，可放置在零件几何图元、构造几何图元或三维空间中的任意位置。工作点的作用是用来标记轴、阵列中心、定义坐标系、定义平面（三点确立一个面）和定义三维路径，以帮助创建其他几何图元和特征，在零件环境和部件环境都可使用。

例 3.1 利用 4 种不同的方法，为菱形 4 个未被定义的角点上定义工作点，如图 3.3 所示。

操作步骤

（1）打开"菱形.ipt"文件。

（2）单击"三维模型"功能区，单击"定位特征"工具组的"点"工具下拉箭头，分别选择"在顶点、草图点或中点上"→"三个平面的交集"→"两条线的交集"→"平面/曲面和线的交集"4 个命令，创建菱形上的 4 个工作点。

操作提示

（1）创建"工作点"的方法很多，通过"点"工具菜单项可以很方便地选择合适的创建工作点的方法，如图 3.4 所示。

图 3.3 菱形

图 3.4 "点"工具菜单项

（2）在创建工作平面、工作轴的过程中，都有可能用到"点"工具。如果点已经存在于草图或特征上，则可以直接利用；如果需要的点在特征和草图上都没有，就需要创建工作点。

3.2.3 创建工作轴

工作轴是参数化附在零件上的无限长的构造线。在三维零件设计中，常用来辅助创建工作面、辅助草图中的几何图元的定位；创建特征和部件时用来标记对称的直线、中心线或旋转轴、扫掠路径等的参考线。

例 3.2 分别采用创建工作轴的 8 种方法，为图 3.5 所示的工具箱定义 8 条工作轴。

操作步骤

（1）打开"工具箱.ipt"文件。

（2）在"三维模型"功能区，单击"定位特征"工具组的"轴"工具下拉箭头，弹出下拉菜单，如图 3.6 所示。逐一使用菜单项的各命令，在给出的图形里设置工作轴。

图 3.5　工具箱图形　　　　　　　　　　图 3.6　"轴"工具菜单项

操作提示

（1）创建"工作轴"的方法很多，"轴"工具菜单项很清晰地表达了各种创建的方法，使用户可以很方便地选择合适的创建方法。

（2）在创建工作轴的过程中，操作步骤在状态栏中有详细的提示。

（3）轴线已经存在草图或特征上的，可以直接利用；但若还没被创建的，则需要创建。

3.2.4　创建工作面

在零件中，工作平面是一个无限大的构造平面，该平面被参数化附着某个特征；在部件中，工作平面与现有的零部件相约束。工作平面的作用很多，可用来构造轴、草图平面或中止平面、作为尺寸定位的基准面、作为另外工作平面的参考面、作为零件分割的分割面，以及作为定位剖视观察位置或剖切平面等。

例 3.3　按图例所示，为以下图形创建工作平面，效果如图 3.7 所示。

（a）基于某面设工作平面　　　　　　　　　（b）从平面偏移

图 3.7　创建工作平面

（c）平行于平面通过点

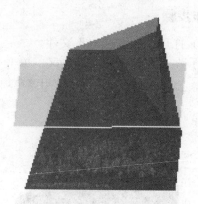

（d）两个平行面之间的中间面

（e）平面绕边旋转的角度

（f）三点确定一个平面

（g）与曲面相切且通过边

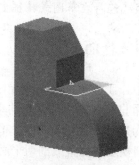

（h）与曲面相切且通过点

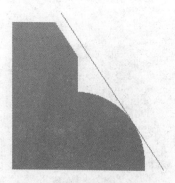

（i）与曲面相切且平行于平面

（j）在指定点与曲线垂直

图 3.7　创建工作平面（续）

操作步骤

（1）打开"工作平面.ipt"文件。

（2）在"三维模型"功能区，单击"定位特征"工具组的"平面"工具下拉箭头，弹出下拉菜单，按图例下方的提示选择菜单项，完成图3.7各工作平面的设置。

操作提示

"平面"工具菜单项的图标，清晰地表达了各种创建方法，如图 3.8 所示。通过此菜单，并结合状态栏的提示，可以很方便地创建工作平面。

图 3.8 "工作平面"菜单项

3.3 基于草图特征建模

在 Inventor 中，有些特征是必须先在草图中绘制模型的截面形状后，才可以创建，这样的特征称之为基于草图的特征。草图特征包括：拉伸特征、旋转特征、扫掠特征、放样特征、加强筋特征、螺旋扫掠特征、凸雕特征、打孔特征。

3.3.1 拉伸特征

拉伸特征是通过为草图截面轮廓添加深度的方式创建的特征。在零件环境中，拉伸用来创建实体或切割实体；在部件的造型环境中，拉伸通常用来切割零件。

1．定值拉伸

例 3.4 ▎根据工程图的尺寸要求，利用"拉伸"工具创建齿轮，如图3.9所示。

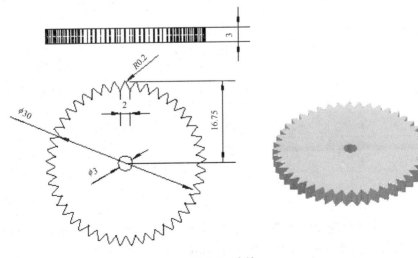

图 3.9 齿轮

操作步骤

（1）在软件启动界面单击【新建】按钮，在"新建文件"对话框中双击"Standard.ipt"图标，单击【确定】按钮后进入零件建模环境，如图 3.10 所示。

（2）绘制草图。绘制齿轮的截面轮廓，如图 3.11 所示。

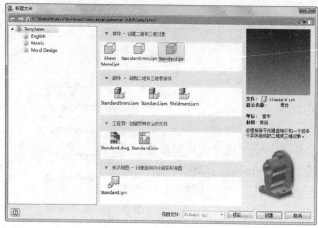

图 3.10　"新建文件"对话框

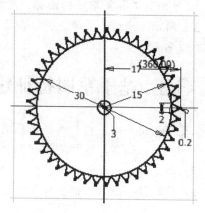

图 3.11　齿轮草图

（3）单击"三维模型"功能区，在"创建"工具组单击"拉伸"工具，弹出"拉伸"对话框，捕捉草图的截面轮廓，然后输入拉伸的距离"**3**"，单击【确定】按钮，具体设置如图 3.12 所示。

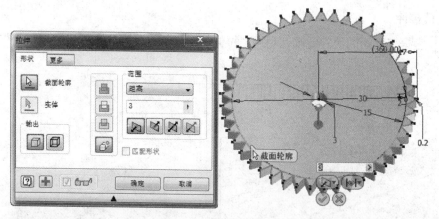

图 3.12　齿轮拉伸设置

操作提示

（1）拉伸特征由截面形状、拉伸范围和扫掠斜角 3 个要素来控制。本例的拉伸特征由截面形状、拉伸范围 2 个要素控制，扫掠斜角的系统默认值为 90°。

（2）若要取消某个截面轮廓时，按下【Ctrl】键，然后单击要取消的截面轮廓即可。

（3）在绘制草图时，一般将图形的一些特殊点与草图的原点相重合，这样可以方便地利用系统默认的定位特征进行定位。如本例，设置圆心与草图的原点重合。

2．曲面拉伸，拉伸到终止面

例 **3.5** ▏ 根据工程图的尺寸要求，利用"拉伸"工具创建圆柱，圆柱顶部为不规则的波浪形，如图 3.13 所示。

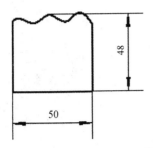

图 3.13　圆柱

操作步骤

（1）在软件启动界面单击【新建】按钮，在"新建文件"对话框中双击"Standard.ipt"图标，进入零件建模环境。

（2）绘制圆柱的截面轮廓草图，如图 3.14 所示。

（3）选择"原始坐标系"的"XZ"平面，绘制样条曲线，如图 3.15 所示。

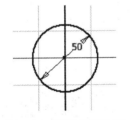

图 3.14　圆柱底部草图

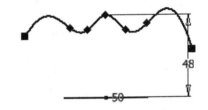

图 3.15　圆柱顶部草图

（4）单击"三维模型"功能区，在"创建"工具组单击"拉伸"工具，弹出"拉伸"对话框，"输出"选择"曲面"，"截面轮廓"选择"样条曲线"，"范围"输入"50"，拉伸方向选择"对称"，单击【确定】按钮。具体参数的设置如图 3.16 所示，效果如图 3.17 所示。

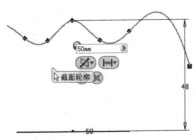

图 3.16　样条曲线参数设置

（5）单击"拉伸"工具，弹出"拉伸"对话框，"截面轮廓"选择"圆"，"输出"选择"实体"，"范围"选择"到表面或平面"，单击【确定】按钮，具体参数的设置如图 3.18 所示。

图 3.17　样条曲线的曲面效果

图 3.18　拉伸圆柱参数设置

操作提示

（1）本案例应用了两种"拉伸"输出方式，分别为输出"曲面"和输出"实体"。

（2）在本例输出方式为"实体"的拉伸中，拉伸范围并不是常用输入"拉伸值"的方法，而是应用了"到表面或平面"这一选项，即拉伸到一个明确的"终止面"为止。

3．角度拉伸、交集拉伸

例 3.6　根据工程图的尺寸要求，利用"拉伸"工具创建螺丝帽，如图 3.19 所示。

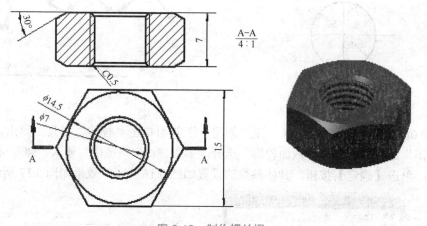

图 3.19　制作螺丝帽

操作步骤

（1）在软件启动界面单击【新建】按钮，在"新建文件"对话框中双击"Standard.ipt"图标，进入零件建模环境。

（2）绘制螺丝帽的截面轮廓，如图 3.20 所示。

（3）单击"三维模型"功能区，在"创建"工具组单击"拉伸"工具，弹出"拉伸"对话框，输入截面轮廓拉伸距离为"7"，完成螺丝帽的雏形，如图 3.21 所示。

图 3.20　绘制草图 1　　　　　　　　图 3.21　拉伸基本形状

（4）以螺丝帽的顶部为工作平面设置草图，以螺丝帽的中心点为圆点，绘制直径为"14.5"的圆，如图 3.22 所示。

（5）将顶部边角拉伸成斜面。

① 单击"三维模型"功能区，在"创建"工具组单击"拉伸"工具，在"形状"选项卡中，截面轮廓选择"步骤（4）"绘制的草图，拉伸距离为"7"，运算方式为"求交"，具体参数的设置如图 3.23 所示。

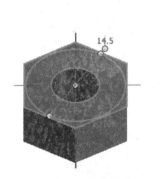

图 3.22　绘制草图 2　　　　　　　　图 3.23　设置拉伸形状

② 单击"更多"选项卡，输入"拉伸角度"为"60"，单击【确定】按钮，如图 3.24 所示。

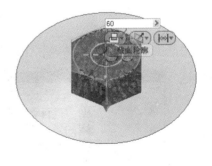

图 3.24　设置拉伸角度

（6）底部边角拉伸成斜面的操作重复"步骤（4）"和"步骤（5）"。

（7）单击"修改"工具组的"螺纹"工具，选择需添加螺纹的面即可，如图 3.25 所示。

图 3.25　添加螺纹

操作提示

（1）拉伸的"运算"方式有"求并"、"差集"、"求交" 3 种。

① 求并，将拉伸特征产生的体积添加到另一个特征或实体。

② 差集，将拉伸特征产生的体积从另一个特征或实体中去除。

③ 求交，将拉伸特征和其他特征的公共体积创建新特征，未包含在公共体积内的部分被删除。本案例是采用"求交"的运算方式。

（2）在拉伸特征中，用户可以不设置角度，系统的默认角度为 90°；用户也可以自行设置角度，最大值为 180°。使用拉伸斜角功能的一个常用用途就是创建锥形。

练一练

根据工程图的尺寸要求，利用"拉伸"工具创建过滤板，如图 3.26 所示。

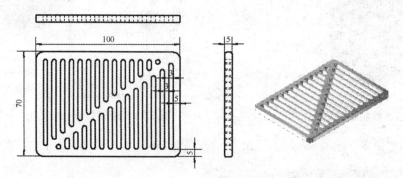

图 3.26　过滤板

提示：本题应设置 2 个拉伸曲面，拉伸"范围"为"介于两面之间"，如图 3.27 所示。

图 3.27　拉伸"介于两面之间"

3.3.2　旋转特征

旋转特征是用草图截面轮廓绕某一旋转轴旋转而创建的特征。当截面轮廓是封闭的，则创建实体特征；如果是非封闭的，则创建曲面特征。

1. 全角度旋转

例 3.7 　根据工程图的尺寸要求，利用"旋转"工具制作戒指，如图 3.28 所示。

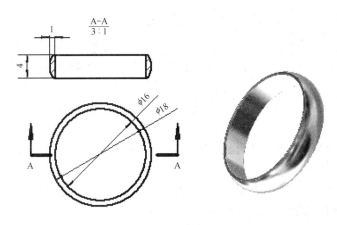

图 3.28　戒指

⚙️ **操作步骤**

（1）在软件启动界面单击【新建】按钮，在"新建文件"对话框中双击"Standard.ipt"图标，进入零件建模环境。

（2）绘制戒指截面轮廓和旋转轴的草图，如图 3.29 所示。

（3）单击"三维模型"功能区，在"创建"工具组单击"旋转"工具，弹出"旋转"对话框，选取"截面轮廓"和"旋转轴"，创建"旋转"特征，具体参数设置如图 3.30 所示。

图 3.29　戒指草图　　　　　　　　图 3.30　创建"旋转"特征

（4）单击"快速工具栏"的"外观"项，选择适当的材质。

2. 角度旋转

例 3.8 　根据工程图的尺寸要求，利用"旋转"工具制作内六角扳手，如图 3.31 所示。

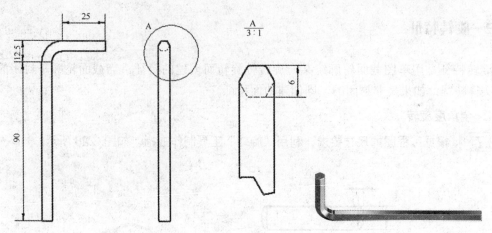

图 3.31　内六角扳手

操作步骤

（1）在软件启动界面单击【新建】按钮，在"新建文件"对话框中双击"Standard.ipt"图标，进入零件建模环境。

（2）绘制内六角扳手的截面轮廓并拉伸 25mm，绘制短轴，具体参数的设置如图 3.32 所示。

（3）捕捉内六角扳手的截面轮廓，绕旋转轴旋转 90°，绘制拐角，具体参数的设置如图 3.33 所示。

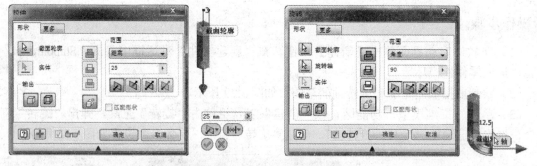

图 3.32　绘制短轴　　　　　　　　　　　　　图 3.33　绘制拐角

（4）捕捉内六角扳手的截面轮廓并拉伸 90mm，绘制长轴，如图 3.34 所示。

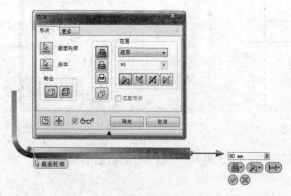

图 3.34　绘制长轴

（5）在截面处添加圆角，方法详解见 3.4.1。

操作提示

（1）启动"旋转"工具时，如果草图包含单个闭合的截面轮廓，则会自动选择该截面轮廓；如果草图包含多个截面轮廓，则需要人工选择截面轮廓；如果草图包含中心线，则会自动选择该中心线作为旋转特征的轴。

（2）当旋转的截面轮廓是开放的，则旋转得到一个曲面；当旋转的截面轮廓是闭合的，则可以选择结果是实体还是曲面。

（3）创建旋转特征时，截面轮廓只能位于旋转轴的一侧。因此在创建球体时，截面轮廓应绘制为半圆，否则无法创建旋转特征。

练一练

根据所给的尺寸要求，利用"旋转"工具创建灯罩模型，如图 3.35 所示。

提示：本题截面轮廓为样条曲线。

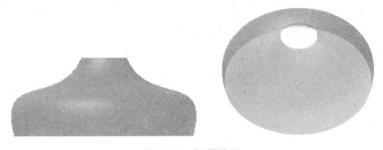

图 3.35　灯罩模型

3.3.3　扫掠特征

扫掠是将一个截面图形，沿着某条路线，按着某种约束条件移动所形成的空间轨迹。

根据定义，拉伸特征可以看做截面轮廓沿直线路径扫掠的特例；而旋转则是截面轮廓沿圆或圆弧的扫掠特例。

1. "路径"类型扫掠

例 3.9 制作 S 形挂钩，如图 3.36 所示。

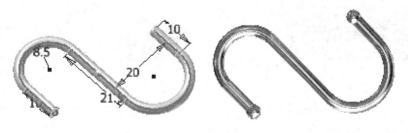

图 3.36　S 形挂钩

操作步骤

（1）在软件启动界面单击【新建】按钮，在"新建文件"对话框中双击"Standard.ipt"图标，进入零件建模环境。

（2）选择 XY 平面，创建草图，绘制扫掠路径，如图 3.37 所示。

（3）在扫掠路径的任一端点建立工作平面，如图 3.38 所示；并在该平面创建草图，绘制直径为 3 的圆，如图 3.39 所示。

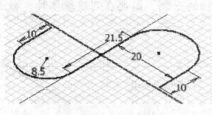

图 3.37　扫掠路径

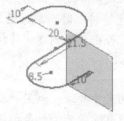

图 3.38　创建工作平面

（4）单击"三维模型"功能区，在"创建"工具组单击"扫掠"工具，在弹出的"扫掠"对话框中设置参数，如图 3.40 所示。

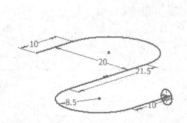

图 3.39　绘制"扫掠"的截面轮廓

图 3.40　扫掠

（5）在挂钩的一端的工作平面上，建立草图，绘制直径为"**4**"的圆和圆的直径，如图 3.41 所示。

（6）单击"三维模型"功能区，在"创建"工具组单击"旋转"工具，在弹出的"旋转"对话框中，截面为"半圆"，沿"直径"旋转轴进行旋转，如图 3.42 所示。

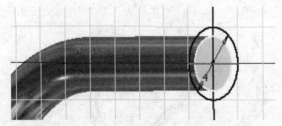

图 3.41　绘制直径为 4 的圆及圆的直径

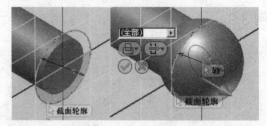

图 3.42　半圆旋转成球体

（7）制作挂钩另一端口的圆球，参考"步骤（5）、步骤（6）"。

操作提示

创建扫掠特征最重要的两个要素是截面轮廓和扫掠路径。

（1）截面轮廓可以是闭合的或非闭合的回路，截面轮廓可嵌套，但不能相交。

（2）扫掠路径可以是开放的曲线或闭合的回路，截面轮廓在扫掠路径的所有位置都与扫掠路径保持垂直。

练一练

制作回形针，如图 3.43 所示。

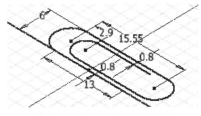

图 3.43 回形针

2. "引导轨道" 类型扫掠

例 3.10 制作带螺纹的螺丝钉，如图 3.44 所示。

操作步骤

（1）在软件启动界面单击【新建】按钮，在"新建文件"对话框中双击"Standard.ipt"图标，进入零件建模环境。

（2）选择 XY 平面，创建"草图 1"，绘制边长为"3"的正方形，完成草图，如图 3.45 所示。

（3）单击"原始坐标系"的 YZ 平面，建立"草图 2"，以正方形的中心点为端点绘制长为 30 的直线，完成草图，如图 3.46 所示。

图 3.44 带螺纹的螺丝钉

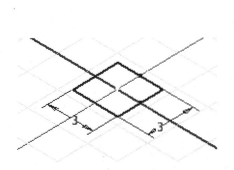

图 3.45 绘制正方形

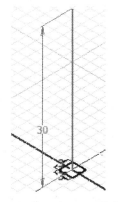

图 3.46 绘制长为 30 的直线

（4）创建三维草图，在"三维草图"选项卡单击"螺旋曲线"工具，弹出"螺旋曲线"选项卡及"Inventor 精确输入"信息条。在"Inventor 精确输入"信息条上输入起始坐标值（0，0，0），如图 3.47 所示，单击屏幕空白处表示输入结束；再次在"Inventor 精确输入"信息条上输入结束坐标值（0，0，90），如图 3.48 所示，单击屏幕空白处表示输入结束。

图 3.47　输入起始坐标值　　　　　　　　图 3.48　输入结束坐标值

（5）在"螺旋曲线"选项卡上输入参数，具体设置如图 3.49 所示，单击完成草图。

（6）单击"三维模型"功能区，在"创建"工具组单击"扫掠"工具，如图 3.50 所示，打开"扫掠"对话框。

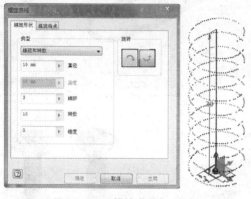

图 3.49　"螺旋曲线"对话框

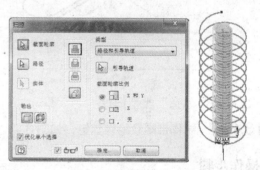

图 3.50　"扫掠"对话框

（7）选取原始坐标系 YZ 平面，建立草图，以原点为起点绘制长度为 5 的直线，如图 3.51 所示，单击完成草图。

（8）再次创建三维草图，在"三维草图"选项卡单击"螺旋曲线"工具，弹出"螺旋曲线"选项卡及"Inventor 精确输入"信息条。在"Inventor 精确输入"信息条上输入起始坐标值（0，0，0），单击屏幕空白处表示输入结束；再输入结束坐标值（0，0，−90），如图 3.52 所示，单击屏幕空白处表示输入结束。

图 3.51　绘制长度为 5 的直线　　　　　　图 3.52　输入结束坐标值

（9）在"螺旋曲线"选项卡上输入参数，具体设置如图 3.53 所示，单击完成草图。

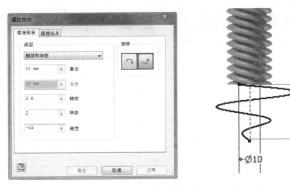

图 3.53 "螺旋曲线"对话框

（10）以原始坐标系的 XY 平面为基础，建立草图，投影"草图 1"的正方形，完成草图。

（11）单击"三维模型"功能区，在"创建"工具组单击"扫掠"工具，如图 3.54 所示，设置"扫掠"参数。

图 3.54 "扫掠"对话框

（12）在螺丝顶部建立"工作平面 1"，在相距"工作平面 1"为"3"的正上方，建立"工作平面 2"，如图 3.55 所示。

（13）在"工作平面 2"上建立草图，绘制直径为"10"的圆，完成草图，如图 3.56 所示。

（14）单击"三维模型"功能区，在"创建"工具组单击"拉伸"工具，在"形状"选项卡中，输入拉伸的距离为"5"；在"更多"选项卡中，输入拉伸角度为"-45"，具体参数的设置如图 3.57 所示。

（15）在"工作平面 2"上建立草图，绘制两个矩形，完成草图，如图 3.58 所示。

（16）单击"三维模型"功能区，在"创建"工具组单击"拉伸"工具，输入拉伸的距离为"2"，具体参数的设置如图 3.59 所示。

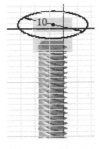

图 3.55 建立"工作平面 2"　　　　　图 3.56 绘制圆

图 3.57 螺丝钉头"拉伸"对话框

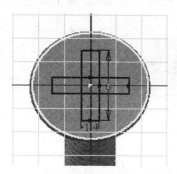

图 3.58 绘制"十字槽"

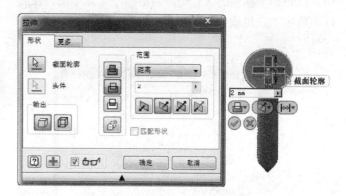

图 3.59 十字槽"拉伸"对话框

（17）对螺丝顶部进行圆角处理，方法在 3.37 节中论述。

操作提示

（1）"路径"类型扫掠是指截面轮廓相对于扫掠路径保持不变，即所有扫掠截面都维持与该路径相关的原始截面轮廓；而"路径和引导轨道"类型扫掠指在创建扫掠时，引导轨道可以控制扫掠截面轮廓的比例和扭曲。

（2）通常在制作具有旋转或扭曲外形的产品部件时，需要使用"引导轨道扫掠"的方法。

3.3.4 放样特征

放样特征是通过指定两个或两个以上的截面轮廓以及它们之间的路径与条件而创建的特征。它是将两个或两个以上具有不同形状或尺寸的截面轮廓均匀过渡，从而形成特征实体或曲面。

1. 多个截面之间的放样

例 3.11 根据所给的尺寸要求，利用"放样"工具制作细腰花瓶，如图 3.60 所示。

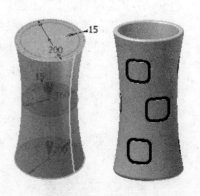

图 3.60 花瓶

操作步骤

（1）在软件启动界面单击【新建】按钮，在"新建文件"对话框中双击"Standard.ipt"图标，然后单击【确定】按钮，进入零件建模环境。

（2）选择 XY 平面，创建"草图 1"，绘制直径为"200"的圆，并以原始的坐标系 XY 平面为基础，建立"工作平面 1"，与 XY 平面平行且距离为"200"，如图 3.61 所示。

（3）在"工作平面 1"上创建"草图 2"，绘制直径为"160"的圆，如图 3.62 所示。

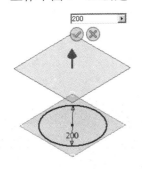

图 3.61　建立"工作平面 1"

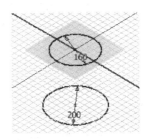

图 3.62　在"草图 2"绘制圆

（4）以"工作平面 1"为基础，建立"工作平面 2"，与"工作平面 1"相距"200"，如图 3.63 所示。

（5）在"工作平面 2"上创建"草图 3"，绘制直径为"200"的圆，如图 3.64 所示。

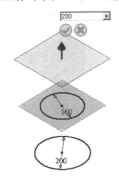

图 3.63　建立"工作平面 2"

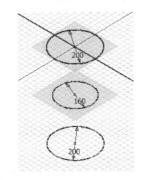

图 3.64　在"草图 3"绘制圆

（6）单击"三维模型"功能区，在"创建"工具组单击"放样"工具，如图 3.65 所示，设置"放样"参数。

图 3.65　对 3 个截面轮廓进行放样

（7）以 XY 平面为基础，建立"工作平面 3"，与 XY 平面的距离相差 20，如图 3.66 所示。

（8）在"工作平面 3"上创建草图，按【F7】功能键切片后，绘制直径为"185"的圆，完成草图，如图 3.67 所示。

（9）在浏览器中，双击"草图 1"，绘制半径为"**145**"的圆，完成草图；再双击"草图 2"，绘制半径为"**185**"的圆，完成草图。

（10）单击"三维模型"功能区，在"创建"工具组单击"放样"工具，选择相应的截面和"**差集**"运算方式，如图 3.68 所示，设置"放样"参数。

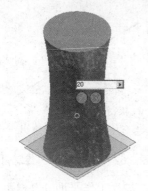

图 3.66　建立"工作平面 3"

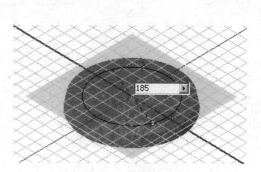

图 3.67　在"草图 4"绘制圆

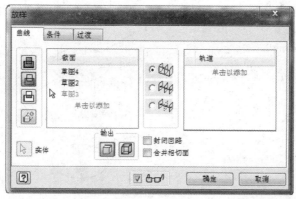

图 3.68　二次放样

（11）单击"快速工具栏"的"颜色"项，选择"米黄色"，效果如图 3.69 所示。花瓶的"凸雕"及"圆角"处理分别在 3.37 节及 3.41 节中论述。

操作提示

（1）在"放样"对话框中，有"曲线"、"条件"和"过渡"三个选项卡。

①"曲线"选项卡的"截面"是指选择在不同草图中的截面轮廓，是必填项；"轨道"是指在截面之间施加二维或三维曲线作为轨道控制放样的方向，是可选项；

图 3.69　花瓶的雏形

②"条件"和"过渡"选项卡是主要用于定义终止截面和最外端轨道的边界条件，是可选项；

（2）放样是采用多个草图上的截面轮廓相混合来创建复杂的形状，随着截面轮廓的增加，使模型更加逼近真实或期待的形状。

（3）在放样特征的创建过程中，往往需要先创建工作平面继而在对应位置创建草图，再在草图上绘制放样的截面轮廓。若同一个草图绘制两个截面形状，这两个截面形状是无法进行放样的。

（4）如果在"放样"对话框中误选草图，可在截面列表中单击误选的草图，然后通过【Delete】键清除。

（5）放样有三种运算方式，分别为"求并"、"差集"、"求交"。本题在第一次放样时，系统默认为"新建实体"；第二次放样时，选择"差集"运算方式，减去中心空心部分。

练一练

参考已知的截面轮廓，制作一个长颈花瓶，如图 3.70 所示。

提示：花瓶尺寸可参考以下数据 FF1A 最外层的 5 个截面轮廓约为"10"、"17"、"10"、"5"、"6"，高约为"46"，壁厚约为"0.5"，也可以自由设计尺寸。

图 3.70　花瓶

2．截面与工作点间的放样

例 3.12　利用放样的方法，制作可爱的立体五角星图案，如图 3.71 所示。

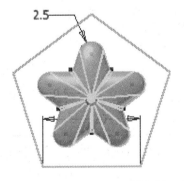

图 3.71　立体五角星图案

操作步骤

（1）在软件启动界面单击【新建】按钮，在"新建文件"对话框中双击"Standard.ipt"图标，进入零件建模环境。

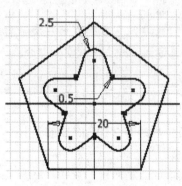

图 3.72 立体五角星草图

（2）选择 XY 平面，绘制"草图 1"，单击"多边形"工具绘制五边形，单击"直线"工具将五边形的各顶点相连接，最后单击"圆角"工具将各角点作弧形处理，如图 3.72 所示。

（3）选择 XY 平面，选择"平面"工具的"从平面偏移"命令，输入"3"，创建"工作平面 1"，并在此平面上建立"草图 2"，单击"投影几何图元"，捕捉原点，完成草图。

（4）选择 XY 平面，选择"平面"工具的"从平面偏移"命令，输入"−3"，创建"工作平面 2"，并在此平面上建立"草图 3"，单击"投影几何图元"，捕捉原点，完成草图。

（5）单击"三维模型"功能区，在"创建"工具组单击"放样"工具，弹出"放样"对话框，按由上至下的放样次序分别选择"草图 2"、"草图 1"、"草图 3"，单击【确定】按钮。具体设置如图 3.73 所示。

图 3.73 "放样"对话框

操作提示

"放样"对话框中的"截面"项，除了可以选择草图的截面外，还可以选择工作点和曲线。

🔊 练一练

参考所给尺寸，利用三条曲线进行放样，创建一张简洁的椅子，如图 3.74 所示。

（提示：需设置椅背草图的放样方向条件，在"条件"选项卡中设置其"角度"为"90deg"，"权值"为"25ul"。）

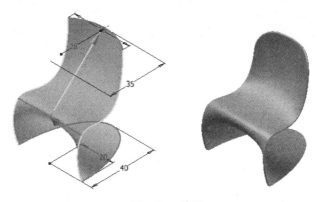

图 3.74　椅子

---

3. 多个截面沿轨道放样

例 3.13　参考所给尺寸，利用放样的方法制作塑料手柄，如图 3.75 所示。

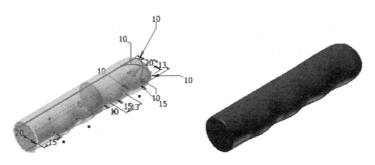

图 3.75　塑料手柄

操作步骤

（1）在软件启动界面单击【新建】按钮，在"新建文件"对话框中双击"Standard.ipt"图标，进入零件建模环境。

（2）选择 XY 平面，创建"草图 1"，绘制直径为"20"的圆。选择 YZ 平面，并在此平面上建立"草图 2"，绘制如图 3.76 所示的轨道，完成草图。

（提示：利用"圆弧"工具绘制曲线。）

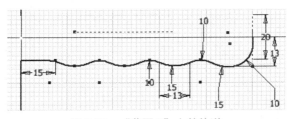

图 3.76　"草图 2"上的轨道

（3）继续选择 YZ 平面，在此平面上建立"草图 3"，绘制如图 3.77 所示的轨道。

（4）选择 XZ 平面，在此平面上建立"草图 4"，绘制如图 3.77 所示的轨道；用同样的方法，再次选择 XZ 平面，在此平面上建立"草图 5"，绘制与"草图 4"对称的轨道。完成后四条轨道如图 3.78 所示。

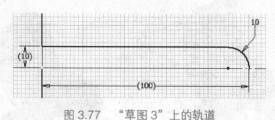

图 3.77 "草图 3"上的轨道

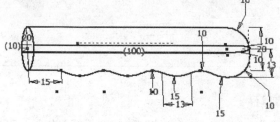

图 3.78 草图 2、草图 3、草图 4、草图 5 上的 4 条轨道

（5）选择 XY 平面，并将平面延轨道方向平移"**45**"，建立"工作平面 1"，并在此平面上建立"草图 6"，投影直径为"**20**"的圆，完成草图，如图 3.79 所示。

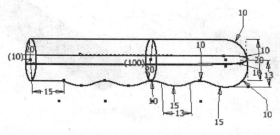

图 3.79 绘制中间的截面轮廓

（6）再次选择 XY 平面，并将平面延轨道方向平移 100，建立"工作平面 2"，并在此平面上建立"草图 7"，投影圆心，完成草图。

（7）单击"三维模型"功能区，在"创建"工具组单击"放样"工具，弹出"放样"对话框，分别选择"草图 1"、"草图 6"、"草图 7"作为截面轮廓，然后再依次选择"草图 2"、"草图 3"、"草图 4"、"草图 5"作为轨道，单击【确定】按钮，具体设置如图 3.80 所示。

图 3.80 "放样"对话框

操作提示

（1）在没有轨道的情况下，放样只能由截面轮廓控制；若设置轨道放样，则截面之间被单个或多个轨道控制。在本例中，放样截面被 4 条轨道控制。

（2）轨道是指定截面之间放样形状的二维曲线、三维曲线或模型边。在放样中，可以添加任意数目的轨道来优化放样的形状。

（3）轨道必须与每个截面相交，并且必须在第一个和最后一个截面上（或在这些截面之外）终止。创建放样时，将忽略延伸到截面之外的那一部分轨道。

3.3.5 加强筋特征

加强筋是种特殊的结构，是铸件、塑胶件等不可或缺的设计结构。在结构设计过程中，可能出现结构体悬出面过大或跨度过大的情况，在这种情况下，如果结构件本身的连接面能承受的负荷有限，则在两结合体的公共垂直面上增加一块加强板，俗称加强筋，以增加结合面的强度。

例 3.14 调用已绘制的物流箱，给箱体添加加强筋，如图 3.81 所示。

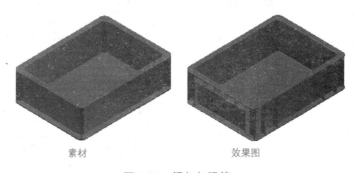

素材　　　　　　　　　　　　　　效果图

图 3.81　添加加强筋

操作步骤

（1）打开"物流箱.ipt"文件素材。

（2）在物流箱的侧边，建立"工作平面 2"，如图 3.82 所示。

（3）以"工作平面 2"为基础，建立草图，投影物流箱的上下边限，绘制加强筋的截面，如图 3.83 所示，单击"完成草图"。

图 3.82　建立"工作平面 2"

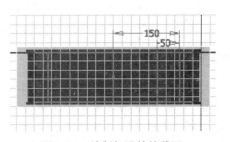

图 3.83　绘制加强筋的截面

（4）单击"三维模型"功能区，在"创建"工具组单击"加强筋"工具，弹出"加强筋"对话框，具体设置如图 3.84 所示。

（5）在物流箱的另一侧边，建立"工作平面 3"，如图 3.85 所示。

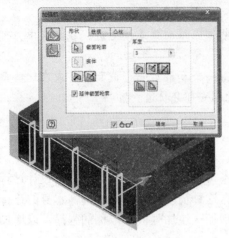

图 3.84 "加强筋"对话框

图 3.85 建立"工作平面 3"

（6）以"工作平面 3"为基础，建立草图，投影物流箱的上下边限，绘制加强筋的截面，如图 3.86 所示。

（7）单击"三维模型"功能区，在"创建"工具组单击"加强筋"工具，弹出"加强筋"对话框，具体设置如图 3.84 所示。

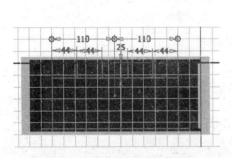

图 3.86 绘制加强筋的截面

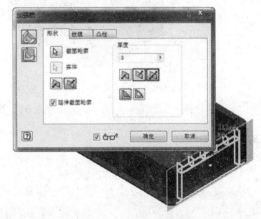

图 3.87 绘制加强筋的截面

（8）同理，在物流箱的其余两个侧面，依照上述方法完成加强筋的制作。

（9）利用"圆角"工具为加强筋各边设置圆角，详细制作方法见 3.4.1 节。

🔶 操作提示

（1）在"加强筋"对话框中，要注意区分两个"方向"的定义。首先是"形状"选区中的"方向"，指加强筋是沿平行于草图图元的方向延伸，还是沿垂直的方向延伸，以设定加强筋的方向；还有是"厚度"选区中的"方向"，指控制加强筋的加厚方向，即截面轮廓的任一侧应用厚度，或两侧同等延伸。

（2）若"加强筋"截面轮廓的末端不与零件相交，会显示"延伸截面轮廓"复选项，选中该复选框后，截面轮廓的末端将自动延伸。

3.3.6 螺旋扫掠特征

螺旋扫掠是将用户自定义的截面轮廓，沿一条参数化的螺旋路径扫掠，创建的几何体。实际上，之前学习的扫掠特征完全可以胜任此工作，但扫掠特征必须要在三维环境下手动创建螺旋扫掠路径，而螺旋扫掠仅需通过"螺旋扫掠"对话框即可动态创建三维扫掠路径。

例 3.15 制作麻花钻头，如图 3.88 所示。

操作步骤

（1）在软件启动界面单击【新建】按钮，在"新建文件"对话框中双击"Standard.ipt"图标，进入零件建模环境。

（2）选择 XY 平面，单击"圆"工具绘制直径为"8"的圆，如图 3.89 所示。

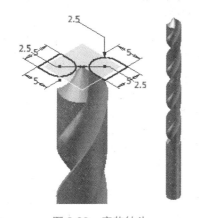

图 3.88 麻花钻头

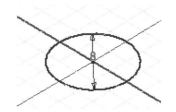

图 3.89 圆的草图

（3）单击"三维模型"功能区，在"创建"工具组单击"拉伸"工具，弹出"拉伸"对话框，具体参数的设置如图 3.90 所示。

（4）单击"修改"工具组的"倒角"工具，弹出"倒角"对话框，在圆柱的顶端设置倒角，具体参数的设置如图 3.91 所示。

图 3.90 设置拉伸参数

图 3.91 在圆柱顶端设置倒角

（5）在顶端设置工作平面，并以此平面建立草图，绘制"螺旋扫掠"的截面轮廓，如图 3.92 所示。

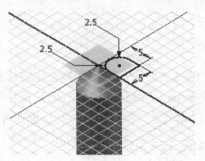

图 3.92　绘制"螺旋扫掠"的截面轮廓

（6）单击"三维模型"功能区，在"创建"工具组单击"螺旋扫掠"工具，弹出"螺旋扫掠"对话框，具体参数的设置如图 3.93 所示。

图 3.93　"螺旋扫掠"对话框中两个选项卡的设置

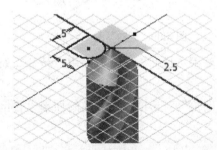

图 3.94　绘制"螺旋扫掠"的另一个截面轮廓

（7）同理，在顶端的工作平面上再次建立草图，绘制"螺旋扫掠"的另一个截面轮廓，如图 3.94 所示。

（8）重复"步骤（6）"的操作，完成麻花钻头的最终制作。

操作提示

（1）在"螺旋扫掠"对话框中，通过三组选项卡来创建螺旋扫掠的特征。

● "螺旋形状"选项卡用来选择截面轮廓和轴，并指定螺旋的方向；

● "螺旋规格"选项卡用来设置扫掠路径，即通过指定"螺距"、"转数"、"高度"来精确地创建螺旋扫掠；

● "螺旋端部"选项卡，是为螺旋扫掠的"开始"和"结束"指定终止条件。

（2）螺旋扫掠的截面轮廓，可由多个闭合的轮廓组成，并可一次创建扫掠特征。

（3）螺旋扫掠的旋转轴，可以选定工作轴作为旋转轴。否则，截面轮廓和轴必须在同一个草图中。旋转轴可以是任意方向，但是不能与截面轮廓相交。

（4）确定螺旋线的形状，其核心在于设置螺距、转数、高度及锥度等有关参数。对于前三个参数，由于存在几何关系：高度=螺距×转数，已知其中两个参数，可通过几何关系计算出第三个参数，如图 3.95 所示。

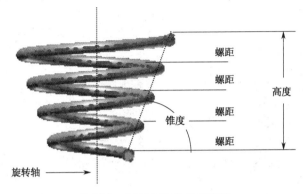

图 3.95　螺旋扫掠参数示意图

🔊 练一练

制作蚊香，如图 3.96 所示。

提示：

（1）利用矩形进行螺旋扫掠，创建蚊香的雏形，再通过拉伸、圆角等工具，完成蚊香的制作。

（2）"螺旋扫掠"工具的"螺旋规格"选项卡设置："类型"为"平面螺旋"，螺距为"16mm"，转数为"4ul"。

图 3.96　蚊香的制作

3.3.7　凸雕特征

凸雕是在零件表面进行建模的方法，与现实生活中的雕刻类似。用来创建在零件表面上的一些凸起或凹进的图案或文字，以实现某种功能或美观性。

1. 花纹、文字雕刻

例 3.16　为花瓶添加花纹，如图 3.97 所示。

操作步骤

（1）打开"花瓶.ipt"素材文件。

（2）在已知的"工作平面4"上建立草图，并绘制花纹的图案，如图3.98所示。

图3.97　为花瓶添加花纹

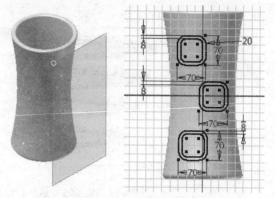

图3.98　建立草图并绘制图案

（3）在花瓶的其他方位如"步骤（2）"，建立草图及绘制花纹。

（4）单击"三维模型"功能区，在"创建"工具组单击"凸雕"工具，弹出"凸雕"对话框，具体参数的设置如图3.99所示。

（5）为花纹填充颜色，操作方法详见第7章。

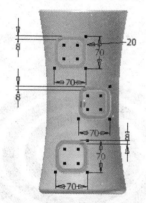

图3.99　"凸雕"对话框

操作提示

在"凸雕"对话框中，通过设置"截面轮廓"、"深度和方向"及"类型"来创建凸雕特征。"截面轮廓"的作用是选择凸雕图像，图像主要有两类，一是使用"文本"工具创建文本，二是使用草图创建如圆、多边形等形状；"深度和方向"指截面轮廓的偏移深度；"类型"指截面轮廓凸起或凹进。

"凸雕"对话框中，"折叠到面"的可选项，可使截面轮廓缠绕在曲面上。如在"练一练"中的习题，在圆柱上凸雕，就必须要选中该项，才能进行凸雕。但此选项仅限于在单个面上凸雕，不能是接缝面，也不能是样条曲线。

在圆柱上雕刻 "Inventor"、"机械设计" 两行文字，如图 3.100 所示。

图 3.100　在圆柱上雕刻文字

2. "凸雕" 工具功能扩展

例 3.17　制作旋转楼梯，如图 3.101 所示。

图 3.101　旋转楼梯

操作步骤

（1）在软件启动界面单击【新建】按钮，在 "新建文件" 对话框中双击 "Standard.ipt" 图标，进入零件建模环境。

（2）选择 XY 平面，单击 "圆" 工具绘制直径为 "**100**" 的圆，如图 3.102 所示。

（3）单击 "三维模型" 功能区，在 "创建" 工具组单击 "拉伸" 工具，弹出 "拉伸" 对话框，具体参数的设置如图 3.103 所示。

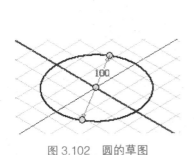

图 3.102　圆的草图

图 3.103　根据草图拉伸

（4）以 "原始坐标系" 中的 YZ 平面为基准，建立与圆柱相切的 "工作平面 1"，如图 3.104 所示。

（5）以 "工作平面 1" 为基础，建立草图，绘制带圆角的矩形，矩形的中心点在圆心。以圆心为起点，绘制斜度为 45° 的构造线，如图 3.105 所示。

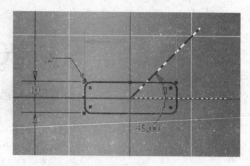

图 3.104　建立"工作平面 1"　　　　　　　　图 3.105　绘制矩形及构造线

（6）以矩形及构造线为基础进行矩形阵列，具体参数的设置如图 3.106 所示。

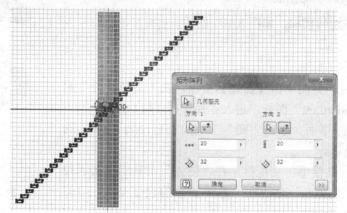

图 3.106　设置矩形阵列

（7）单击"三维模型"功能区，在"创建"工具组单击"凸雕"工具，弹出"凸雕"对话框，具体参数的设置如图 3.107 所示。

图 3.107　凸雕

（8）选择楼梯，单击鼠标右键，弹出如图 3.108 所示的对话框，选择"**特性**"选项，弹出"**面特性**"对话框，选择相适当的面颜色贴图即可。

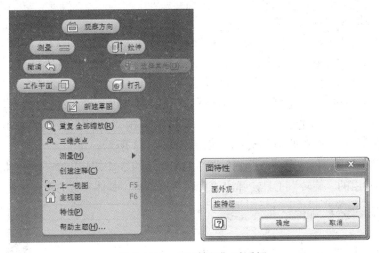

图 3.108　"面特征"对话框

3.3.8　打孔特征

在 Inventor 中，可利用"打孔"工具在零件环境、部件环境和焊接环境中创建参数化直孔、沉头孔、沉头平面孔、倒角孔特征，如图 3.109 所示。还可以自定义螺纹特征和顶角类型，来满足设计要求。

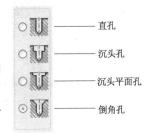

图 3.109　孔的类型

例 3.18　参考工程图所给的尺寸，制作合页，如图 3.110 所示。

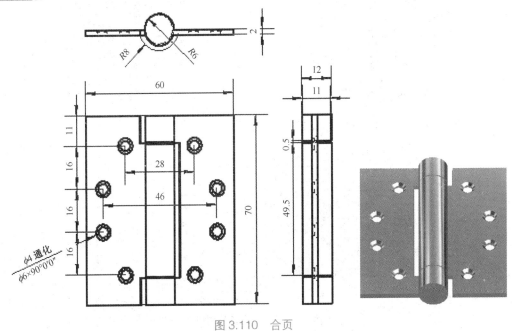

图 3.110　合页

📋**操作提示**

（1）在软件启动界面单击【新建】按钮，在"新建文件"对话框中双击"Standard.ipt"

图标，进入零件建模环境。

（2）选择 XY 平面，创建草图，单击"圆"工具绘制直径为"**12**"的圆。单击"三维模型"功能区，单击"创建"工具组的"拉伸"工具，弹出"拉伸"对话框，具体参数的设置如图 3.111 所示。

（3）选择 XZ 平面，创建草图，绘制高和宽分别为"**70**"和"**2**"的矩形，如图 3.112 所示。单击"三维模型"功能区，在"创建"工具组单击"拉伸"工具，弹出"拉伸"对话框，分别向左右同时对称拉伸"60mm"，效果如图 3.113 所示。

（4）选择 YZ 平面，创建草图，绘制如图 3.114 所示的 3 个矩形。单击"三维模型"功能区，选择"创建"工具组的"旋转"工具，弹出"**旋转**"对话框，具体参数的设置如图 3.115 所示。

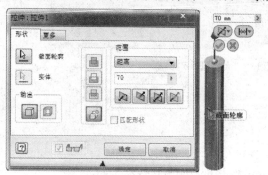

图 3.111　"拉伸"对话框

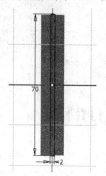

图 3.112　"拉伸"草图

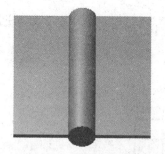

图 3.113　"拉伸"后的效果图

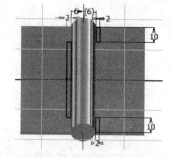

图 3.114　"旋转"草图

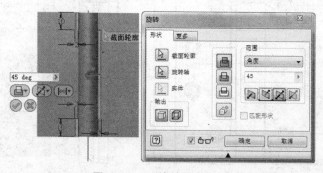

图 3.115　"旋转"对话框

（5）以合页的顶端为参考面，下移"**10**"个单位制作平面，如图 3.116 所示。在此平面上建立草图，如图 3.117 所示。

 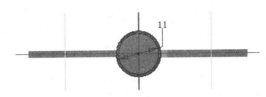

图 3.116　建立平面　　　　　　　　图 3.117　绘制草图

（6）单击"三维模型"功能区，在"创建"工具组单击"拉伸"工具，弹出"拉伸"对话框，具体参数的设置如图 3.118 所示。

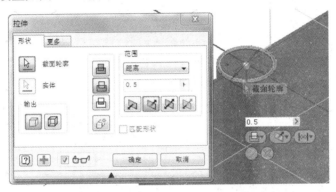

图 3.118　"拉伸"对话框

（7）同理，以合页的底端为参考面，上移"10"个单位制作平面，并在此平面上建立草图，如图 3.117 所示。单击"三维模型"功能区，在"创建"工具组单击"拉伸"工具，弹出"拉伸"对话框，具体参数的设置如图 3.118 所示，效果如图 3.119 所示。

（8）以页面为平面，建立草图，如图 3.120 所示设置工作点。

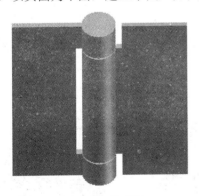 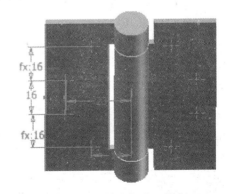

图 3.119　效果图　　　　　　　　图 3.120　设置打孔工作点

（9）单击"三维模型"功能区，在"修改"工具组单击"孔"工具，弹出"打孔"对话框，具体参数的设置如图 3.121 所示。

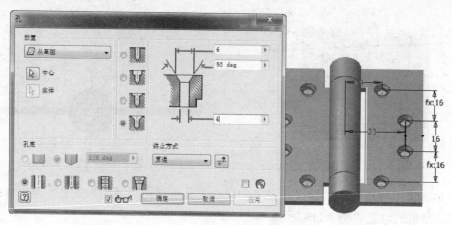

图 3.121　"打孔"对话框

练一练

在一块松木板上，分别打三个"6mm"深的孔，孔类型如图 3.122 所示。

图 3.122　打孔练习

3.3.9　贴图特征

在 Inventor 中，可将图像应用到零件面来创建贴图特征，用于表示如标签、品牌名称和担保封条等制造要求。贴图中的图像可以是位图、Word 文档或 Excel 电子表格。

例 3.19　在水杯杯身贴一幅画，制作成个性化水杯，如图 3.123 所示。

图 3.123　制作个性化水杯

操作步骤

（1）打开"水杯"素材文件，并将自己喜欢的图画复制到"水杯"素材所在的文件夹。

（2）单击"点"工具右边的小三角形，选择下拉菜单的"平面/曲面和线的交集"项，如图 3.124 所示。在此状态下，选择"杯口外框"及"原始坐标系中的 XZ 平面"，则系统自动将两选项的交点设为工作点，如图 3.125 所示。

图 3.124　制作工作点　　　　　　　　图 3.125　显示工作点

（3）单击"平面"工具下方的小三角形，选择下拉菜单的"与曲面相切且通过点"项。在此状态下，选择"刚才设置的工作点"及"杯身"，则系统自动建立一个满足这两个条件的工作平面，如图 3.126 所示。

（4）在该工作平面上建立草图，单击【图像】按钮，在弹出的"打开"对话框中，查找所需图像，单击【打开】按钮，如图 3.127 所示。

图 3.126　建立工作平面　　　　　　图 3.127　"打开"对话框

（5）单击图像某一角点，将图像缩放到合适的大小；再次单击图像，将图像移至合适的位置，如图 3.128 所示。

（6）单击"三维模型"功能区，在"创建"工具组单击"贴图"工具，如图 3.129 所示。（提示："贴图"工具的默认状态为"隐藏"，需单击"创建"旁边的"▼"符号打开。）

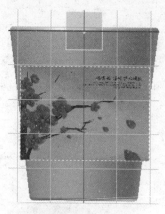

图 3.128　图像放置

图 3.129　"贴图"工具

（7）在弹出的"贴图"对话框中，根据对话框的提示，分别选择"**图像**"及"**杯身**"，单击【确定】按钮，即图像被贴在杯身上，如图 3.130 所示。

操作提示

（1）在建立贴图以前，需要在零件的表面或相关的辅助平面上，利用"二维草图面板"上的"插入图像"工具导入图像后，再使用"贴图"工具。

（2）"贴图"对话框中，"图像"选项是指导入的图像；"面"选项是指图像要附着的表面；"折叠到面"选项则指图像缠绕到一个或多个曲面上；"链选面"选项指将图像应用到相邻的面。

练一练

在水杯的杯底贴条形码，如图 3.131 所示。

图 3.130　"贴图"对话框

图 3.131　贴条形码

3.4　基于放置特征建模

在 Inventor 中，放置特征不是基于草图的特征，也就是说这些特征的创建不依赖于草图，可在工作环境下直接创建，就好像直接放置在零件上一样。放置特征包括圆角、倒角、抽壳、拔模、镜像、阵列、螺纹、分割。

3.4.1　圆角特征

在 Inventor 中，圆角特征是指在零件内角和外角创建一个半径边，分为等半径圆角、变半径圆角和过渡圆角三大类，如图 3.132 所示。在实际工作中，最常使用"等半径圆角"和"变半径圆角"两类。

等半径圆角　变半径圆角　过渡圆角

图 3.132　圆角类型

1．等半径圆角

例 3.20　制作胶囊，如图 3.133 所示。

操作步骤

（1）在软件启动界面单击【新建】按钮，在"新建文件"对话框中双击"Standard.ipt"图标，进入零件建模环境。

（2）选择 XY 平面，创建草图，单击"圆"工具绘制直径为"5"的圆。单击"三维模型"功能区，在"创建"工具组单击"拉伸"工具，弹出"拉伸"对话框，具体参数的设置如图 3.134 所示。

（3）单击"修改"工具组的"圆角"工具，弹出"圆角"对话框，在"等半径"选项卡中，设置半径为"2.5"的圆角，如图 3.135 所示。

（4）利用"分割"工具对圆柱体进行上下分割，将在 3.4.8 节论述；再用"特征"设定颜色，将在第 7 章论述。

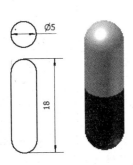

图 3.133　胶囊

图 3.134　"拉伸"对话框

图 3.135 　"圆角"对话框

📣 操作提示

（1）"等半径"圆角是指模型的边被一个恒定的圆角半径定义。

（2）在"等半径"圆角的选项卡中，圆角有三种模式：边、回路、特征。

① "边"选项，只对选中的边创建圆角特征；

② "回路"选项，可选中一个回路，这个回路的整个边线都会创建圆角特征；

③ "特征"选项，选择因某个特征与其他面相交所导致的边以外的所有边，都会创建圆角特征。如图 3.136 所示，若在"圆角"对话框选择"特征"模式后，单击模型上方的长方体，则除了与下方的长方体相交所导致的边以外，其余所有边都创建了圆角特征。

图 3.136　圆角的"特征"模式

2. 变半径圆角

例 3.21 制作骰子，如图 3.137 所示。

📣 操作步骤

（1）在软件启动界面单击【新建】按钮，在"新建文件"对话框中双击"Standard.ipt"图标，进入零件建模环境。

（2）选择 XY 平面，创建草图，单击"矩形"工具绘制直径为"**15**"的正方形。单击"三维模型"功能区，在"创建"工具组单击"拉伸"工具，弹出"**拉伸**"对话框，具体参数的设置如图 3.138 所示。

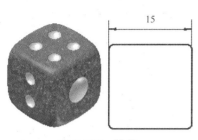

图 3.137　骰子

图 3.138　"拉伸"对话框

（3）单击"修改"工具组的"圆角"工具，弹出"圆角"对话框，在"变半径"选项卡中，设置正方体各边两端半径为"2"，中间点的半径为"1"，如图 3.139 所示。

图 3.139　"圆角"对话框

（4）在正方体的一个面上设置草图，以中心点为圆心，绘制直径为"6"的圆，如图 3.140 所示。

（5）单击"三维模型"功能区，在"创建"工具组单击"拉伸"工具，弹出"**拉伸**"对话框，具体参数的设置如图 3.141 所示。

（6）单击"修改"工具组的"圆角"工具，弹出"**圆角**"对话框，在"等半径"选项卡中，设置半径为"**3**"的圆角，效果如图 3.142 所示。

图 3.140　绘制草图

图 3.141　"拉伸"对话框

图 3.142　圆角后的效果图

（7）骰子其他各面的字粒制作参考"步骤（4）"～"步骤（6）"。

（8）设置骰子的颜色，将在第 7 章进行论述。

操作提示

（1）变半径圆角是指模型的边被多个半径定义。

（2）变半径圆角的基本操作步骤如下。

① 选择边线，系统自动将边线的两个端点定为"开始"和"结束"点；

② 鼠标在该边需变半径的位置单击，至少创建一个点；

③ 修改圆角对话框中各点的半径值。

3.4.2　倒角特征

在 Inventor 中，倒角特征是指在零件内角和外角创建斜边。

例 3.22 参考工程图的尺寸，制作水果刀，如图 3.143 所示。

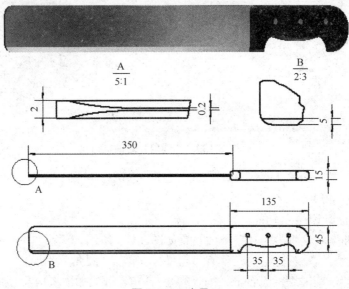

图 3.143　水果刀

操作步骤

（1）在软件启动界面单击【新建】按钮，在"新建文件"对话框中双击"Standard.ipt"图标，进入零件建模环境。

（2）选择 XY 平面，创建草图，单击"矩形"工具绘制刀刃轮廓，尺寸如图 3.144 所示。

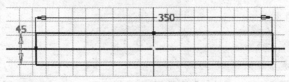

图 3.144　刀刃草图

（3）单击"三维模型"功能区，在"创建"工具组单击"拉伸"工具，弹出"拉伸"对话框，输入"对称"拉伸的值为"2"。

（4）以原始坐标系的 XY 面建立一个平面，在平面上绘制刀柄草图，尺寸如图 3.145 所示。

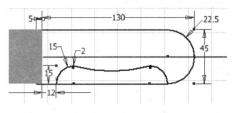

图 3.145　刀柄草图

（5）单击"三维模型"功能区，在"创建"工具组单击"**拉伸**"工具，弹出"拉伸"对话框，输入"对称"拉伸的值为"**15mm**"，效果如图 3.146 所示。

图 3.146　刀的雏形

（6）对刀柄的边框进行圆角处理，单击"三维模型"功能区，在"修改"工具组单击"圆角"工具，具体参数的设置如图 3.147 和图 3.148 所示。

图 3.147　圆角刀柄（1）

图 3.148　圆角刀柄（2）

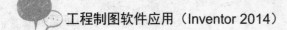

（7）对刀刃的两侧分别进行倒角处理，单击"三维模型"功能区，在"修改"工具组单击"倒角"工具，具体参数的设置如图 3.149 和图 3.150 所示。

图 3.149　倒角刀刃（1）

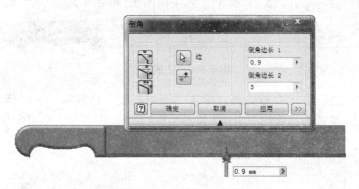

图 3.150　倒角刀刃（2）

（8）对刀刃的边框进行圆角处理，单击"三维模型"功能区，在"修改"工具组单击"圆角"工具，具体参数的设置如图 3.151 和图 3.152 所示。

（9）在刀柄上绘制螺母孔草图，具体参数的设置如图 3.153 所示。

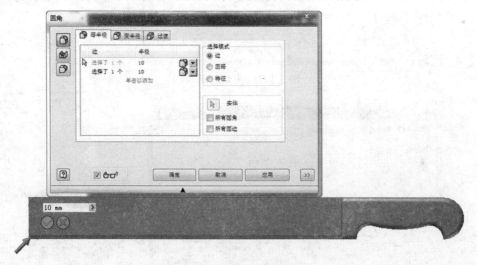

图 3.151　圆角刀刃边框（1）

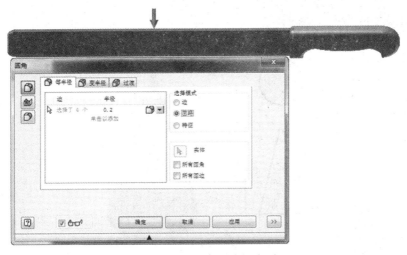

图 3.152　圆角刀刃边框（1）

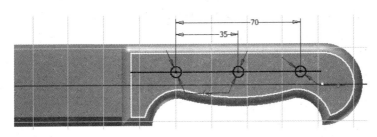

图 3.153　螺母孔草图

（10）制作螺母孔洞，单击"三维模型"功能区，在"创建"工具组单击"拉伸"工具，弹出"拉伸"对话框，具体参数的设置如图 3.154 所示。

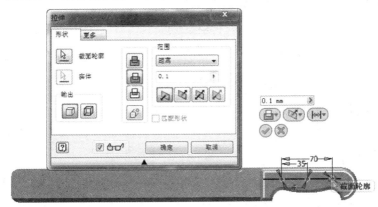

图 3.154　"拉伸"对话框

（11）为水果刀添加材质，详细设置方法见"第 7 章"。

操作提示

铸造零件和模制零件通常很少有真正的锐边。在零件的设计中，几乎所有边都会应用倒角或圆角。

🔊 练一练 ·

如何用"倒角"工具制作圆锥体？如图 3.155 所示。

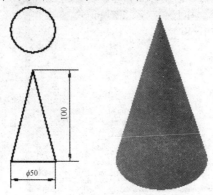

图 3.155　制作圆锥体

3.4.3　抽壳特征

抽壳特征是指从零件的内部去除材料，创建一个具有指定厚度的空腔零件。

例 3.23 ┃┃　制作茶叶罐，如图 3.156 所示。

图 3.156　茶叶罐

🔲 **操作步骤**

（1）在软件启动界面单击【新建】按钮，在"新建文件"对话框中双击"Standard.ipt"图标，进入零件建模环境。

（2）选择 XY 平面，创建草图，绘制茶叶罐截面轮廓，尺寸如图 3.157 所示。

（3）单击"三维模型"功能区，在"创建"工具组单击"**旋转**"工具，旋转成茶叶罐的雏形，具体设置如图 3.158 所示。

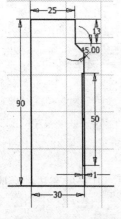

图 3.157　截面轮廓草图

图 3.158　"旋转"对话框

（4）单击"三维模型"功能区，在"修改"工具组单击"圆角"工具，把茶叶罐的锐边进行圆角处理，具体设置如图 3.159 所示。

图 3.159　"圆角"对话框

（5）单击"三维模型"功能区，在"修改"工具组单击"抽壳"工具，设置茶叶罐的开口面和厚度，具体设置如图 3.160 所示。

图 3.160　"抽壳"对话框

（6）单击"三维模型"功能区，在"修改"工具组单击"圆角"工具，对开口的锐边进行圆角处理，具体设置如图 3.161 所示。

图 3.161　"圆角"对话框

（7）选择 XY 平面，创建草图，绘制茶叶罐开口处的螺纹截面轮廓，如图 3.162 所示。

（8）单击"三维模型"功能区，在"创建"工具组单击"螺旋扫掠"工具，在开口处制作螺纹，具体设置如图 3.163 所示。

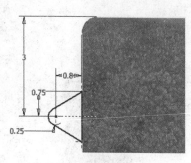

图 3.162　螺纹的截面轮廓　　　　　　　　　　图 3.163　制作螺纹

（9）以螺纹的起始处为平面，设置草图，制作螺纹的封口。单击"**螺旋扫掠**"工具，在"**螺旋扫掠**"对话框中，"**螺旋形状**"选项卡的设置如图 3.163 所示，"**螺纹规格**"选项卡的设置如图 3.164 所示。

（10）螺纹末端的封口与起始端的操作相同，操作方法重复"步骤（9）"，效果如图 3.165 所示。

图 3.164　制作螺纹封口　　　　　　　　　　图 3.165　螺纹最终效果

（11）为茶叶罐添加材质，详细设置方法见"第 7 章"。

操作提示

（1）在"抽壳"选项卡中，必须设置"开口面"、"厚度"两个基本参数。"开口面"是指要删除的零件面，保留剩余的面作为壳壁；"厚度"指均匀应用到壳壁的厚度。

（2）除了"开口面"、"厚度"两个必设的参数以外，在还可以设置"方向"、"非均匀壁厚"、"自动链选面"。

① 抽壳"方向"指相对于零件面的抽壳边界。当选择"向内"时，原始零件的外壁成为壳体的外壁；反之，选择"向外"时，原始零件的外壁成为壳体的内壁；选择"双向"时，则向零件内部和外部以相同距离偏移壳壁，如图 3.166 所示。

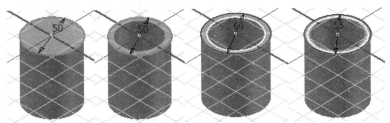

抽壳前直径为 "50"　"向内" 抽壳 "5"　"向外" 抽壳 "5" 双向" 抽壳 "5"

图 3.166　抽壳壁厚方向

② 非均匀壁厚指用户可以对选定的壁面应用其他厚度，如图 3.167 所示，玻璃杯的底部与杯身设置了不同的壁厚。

图 3.167　非均匀厚度抽壳

③ "自动链选面" 指启用或禁用自动选择多个相切、连续面。默认设置为 "开"，允许选择各个相切面。

练一练

给出的截面轮廓草图，制作矿泉水瓶，如图 3.168 所示。

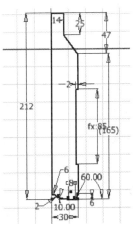

图 3.168　矿泉水瓶及截面轮廓草图

3.4.4　拔模特征

拔模特征是应用到零件面的斜角，使零件有一个或多个倾斜的面。

例 3.24　制作键帽，如图 3.169 所示。

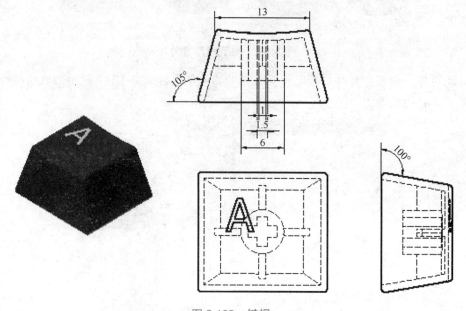

图 3.169　键帽

操作步骤

（1）在软件启动界面单击【新建】按钮，在"新建文件"对话框中双击"Standard.ipt"图标，进入零件建模环境。

（2）选择 XY 平面，创建草图，单击"矩形"工具绘制边长为"**13**"的正方形。单击"三维模型"功能区，在"创建"工具组单击"拉伸"工具，向上拉伸"**10**"个单位。

（3）单击"修改"工具组"拔模"工具，设置"固定平面"方式，以顶面为固定平面，左右两侧面为拔模应用到的面，拔模斜度为"**15**"，如图 3.170 所示。

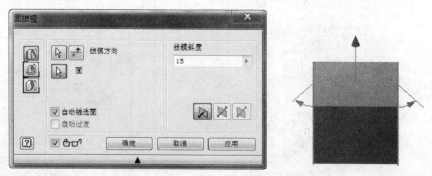

图 3.170　"拔模斜度"对话框

（4）同理，设置前后两侧拔模斜度为"**10**"。

（5）选择 XZ 平面，创建草图，绘制半径为"**40**"的圆弧，如图 3.171 所示。

（6）单击"三维模型"功能区，在"创建"工具组单击"拉伸"工具，具体设置如图 3.172 所示。

图 3.171　绘制草图　　　　　　　　图 3.172　"拉伸"对话框

（7）在"修改"工具组中单击"圆角"工具，设置所有锐边的圆角为"**0.5**"。

（8）在"修改"工具组单击"抽壳"工具，设置键帽的底面为"开口面"，厚度为"**1**"。

（9）利用拉伸工具、加强筋工具、环形阵列工具，完成键帽内部结构，如图 3.173 所示。

（10）为键帽添加材质，详细设置方法见"第 7 章"。

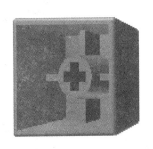

图 3.173　键帽内部结构

操作提示

拔模有"固定边"和"固定平面"两种方式。

①固定边是在每个平面的一个或多个相切的连续固定边处，创建拔模，拔模结果将创建额外的面。除了直线性棱边，样条曲线也可以作为固定边。

②固定平面是选择一个平面并确定拔模方向，拔模方向垂直于所选面。创建固定平面的拔模，被选定平面的截面面积不变，其他截面随固定平面的距离变化。本例是应用"固定平面"的方式。

练一练

利用"固定边"和"固定平面"两种方式，绘制金砖，如图 3.174 所示。

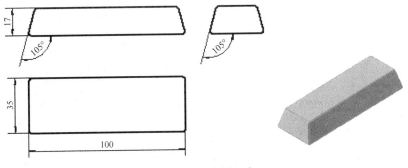

图 3.174　绘制金砖

3.4.5 镜像特征

镜像特征是用来创新所选特征或实体的面对称的结构模型，可以绕任意工作平面或平面镜像特征或实体。

例 3.25 参考工程图尺寸，制作双耳碗，如图 3.175 所示。

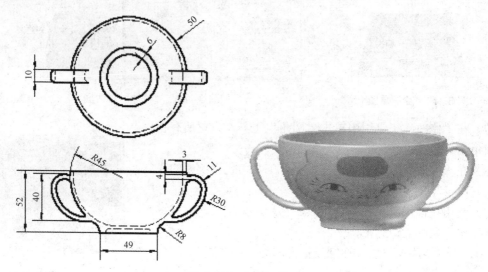

图 3.175 制作双耳碗

操作步骤

（1）在软件启动界面单击【新建】按钮，在"新建文件"对话框中双击"Standard.ipt"图标，进入零件建模环境。

（2）选择 XY 平面，创建草图，绘制碗身的轮廓，如图 3.176 所示。

（3）单击"三维模型"功能区，在"创建"工具组单击"旋转"工具，完成雏形碗身的制作。

（4）对碗口和碗脚进行圆角处理，圆角半径为"**1**"。效果如图 3.177 所示。

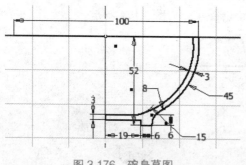

图 3.176 碗身草图

图 3.177 制作碗身的雏形

（5 选择 XY 平面，创建草图，绘制单边碗耳的轮廓，如图 3.178 所示。

（6）单击"三维模型"功能区，在"创建"工具组单击"拉伸"工具，对称拉伸为"**10**"；单击"圆角"工具，设置碗耳圆角半径为"**2**"，碗耳与碗身连接处的圆角半径为"**1**"。

（7）在"阵列"工具组单击"镜像"工具，选中右耳的所有特征，以原始坐标系的"YZ"平面为镜像平面，单击【确定】按钮，如图 3.179 所示。

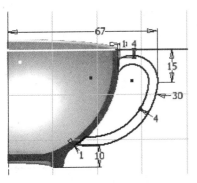

图 3.178　单边碗耳的草图

图 3.179　"镜像"对话框

（8）对碗身进行贴图装饰，步骤略。

操作提示

如果零件中有多个相同的特征且在空间的排列上具有一定的对称性，可使用"镜像"工具以减少工作量，提高工作效率。

3.4.6　阵列特征

阵列特征用来复制一个或多个特征或实体，且这些特征或实体在零件中的位置有一定的规律。

1. 矩形阵列

例 3.26　制作魔方，如图 3.180 所示。

操作步骤

（1）在软件启动界面单击【新建】按钮，在"新建文件"对话框中双击"Standard.ipt"图标，然后单击【确定】按钮，进入零件建模环境。

（2）选择 XY 平面，创建草图，绘制一个"15×15"的正方形。单击"三维模型"功能区，在"创建"工具组单击"拉伸"工具，生成正方体，确定魔方每一小格的大小。

（3）在"修改"工具组单击"圆角"工具，设置魔方每一小格的圆角半径为"1"。

图 3.180　魔方

（4）在"阵列"工具组单击"矩形阵列"工具，具体参数的设置如图 3.181 所示。

（5）在"阵列"工具组单击"矩形阵列"工具，具体参数的设置如图 3.182 所示。

（6）为魔方添加材质，详细设置方法见"第 7 章"。

图 3.181　"矩形阵列 1" 对话框

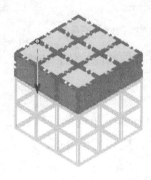

图 3.182　"矩形阵列 2" 对话框

操作提示

　　矩形阵列是沿着单向或双向线性路径，以特定的数量和间距来排列生成。其中行和列，除了可以是直线外，还可以是圆弧、样条曲线，如图 3.183 所示。

图 3.183　以"样条曲线"为阵列路径

2. 环形阵列

例 3.27　制作斜齿轮，如图 3.184 所示。

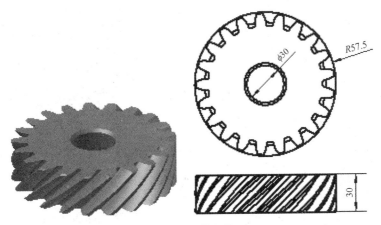

图 3.184　斜齿轮

操作步骤

（1）在软件启动界面单击【新建】按钮，在"新建文件"对话框中双击"Standard.ipt"
图标，进入零件建模环境。

（2）选择 XY 平面，创建草图，绘制一个直径为"**115**"的圆，单击"拉伸"工具，拉伸
成高"**30**"的圆柱。

（3）在圆柱的顶面绘制草图，如图 3.185 所示。

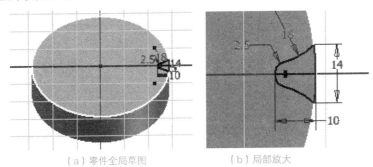

（a）零件全局草图　　　　　（b）局部放大

图 3.185　齿轮草图

（4）单击"三维模型"功能区，在"修改"工具组单击"倒角"工具，对圆柱锐边进行
倒角处理，"倒角"边长为"**1**"。

（5）在"创建"工具组单击"螺旋扫掠"工具，在"螺旋形状"选项卡中，截面轮廓为
"步骤（3）"所画的草图，并以原始坐标系的"Z 轴"为旋转轴，选择"**差集**"的布尔方式；
在"螺旋规格"选项卡中，"类型"选择"**螺距和高度**"，并设置"螺距"为"**300**"，"高度"
为"**30**"。

（6）在"阵列"工具组单击"环形阵列"工具，具体参数的设置如图 3.186 所示。

（7）在齿轮的顶面，绘制直径为"**30**"的圆的草。单击"三维模型"功能区，在"创
建"工具组单击"拉伸"工具，制作齿轮中间的孔洞，具体设置如图 3.187 所示。

（8）在"修改"工具组单击"倒角"工具，对孔洞进行倒角处理，倒角边长为"2"。

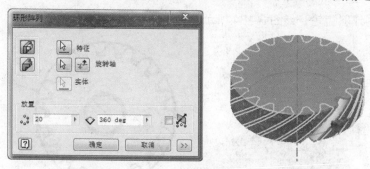

图 3.186　设置环形阵列

图 3.187　设置拉伸

（9）为齿轮添加材质，详细操作见"第 7 章"。

🔊 练一练

　　参考工程图尺寸，制作"十"字螺丝刀。分别在手柄及刀尖处，运用环形阵列的方法，如图 3.188 所示。

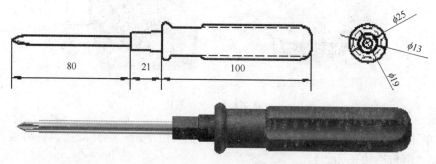

图 3.188　"十"字螺丝刀

3.4.7　螺纹特征

　　螺纹特征是在孔、轴、螺柱、螺栓等圆柱面上创建的特征。Inventor 的螺纹特征实际上不是真实存在的螺纹，是用贴图方法实现的效果图。

例 3.28 参考工程图尺寸，制作螺钉，如图 3.189 所示。

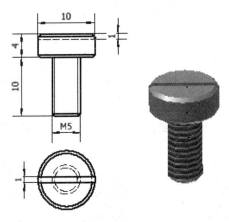

图 3.189 螺钉

操作步骤

（1）在软件启动界面单击【新建】按钮，在"新建文件"对话框中双击"Standard.ipt"图标，进入零件建模环境。

（2）选择 XY 平面，创建草图，绘制直径为"5"的圆。单击"三维模型"功能区，在"创建"工具组单击"拉伸"工具，拉伸高度为"10"，制作螺杆的雏形。

（3）在螺杆的顶面，绘制直径为"10"的圆的草图。单击"三维模型"功能区，在"创建"工具组单击"**拉伸**"工具，拉伸高度为"4"，制作螺帽的雏形。

（4）在"修改"工具组单击"倒角"工具，将螺钉的锐边进行倒角，倒角边长为"0.5"。

（5）在螺帽的顶面设置草图，以原点为中心点，绘制长和宽分别为"10"和"1"的长方形；单击"三维模型"功能区，在"创建"工具组单击"拉伸"工具，拉伸"差集"高度为"1"的长方体，制作螺帽上的"一"字槽。

（6）单击"修改"工具组的"螺纹"工具，选择将要绘制螺纹的面，具体设置如图 3.190 所示。

图 3.190 设置螺纹

3.4.8 分割零件

零件分割功能是把一个零件整体分割为两个部分，任何一个部分都可成为独立的零件。在实际的零件设计中，如果两个零件可装配成一个部件，并且要求装配面完全吻合，可首先设计部件，然后利用"分割"工具把部件分割为两个零件，这样零件的装配面尺寸就完全匹配，可以有效地提高工作效率。

例 3.29 把手电筒外壳分割成上盖和下盖，如图 3.191 所示。

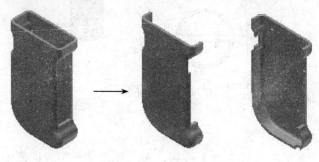

图 3.191　分割零件

操作步骤

（1）打开"手电筒外壳.ipt"素材。

（2）单击"修改"工具组"分割"工具，单击"修剪实体"按钮，选择原始坐标系的"XZ 平面"为分割面，单击【确定】按钮，文件另存为"下盖.ipt"，如图 3.192 所示。

（3）重新调用"手电筒外壳"素材，参照步骤（2），并选择"删除"选项栏的"反方向"设置，单击【确定】按钮，文件另存为"上盖.ipt"，如图 3.193 所示。

图 3.192　制作下盖

图 3.193　制作上盖

操作提示

"分割"工具除了用于分割零件外，还可以用于分割面。当某一零件的同一表面要填涂不同颜色时，可先用"分割"工具对其面进行分割，再填色，如图 3.194 所示。

图 3.194　分割面

本章小结

　　Inventor 软件设计三维模型的思路是基于特征的造型方法。一个零件可以视为一个或多个特征的组合，这些特征之间既可相互独立，又可相互关联。本章通过结合大量的产品三维实例，详细讲解了零件造型的操作方法及步骤，学完本章，读者可以对复杂的零件进行绘制。

习题 3

　　1. 运用"拉伸"、"圆角"等命令，制作茶叶罐的罐身和罐盖，尺寸参考图 3.195 和图 3.196 所示。

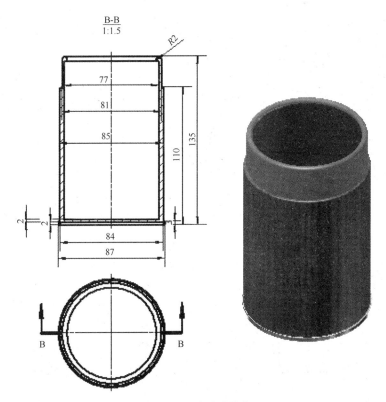

图 3.195　茶叶罐罐身

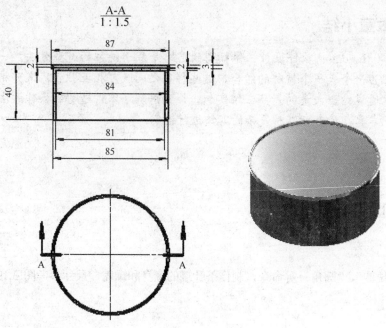

图 3.196　茶叶罐罐盖

2. 运用"旋转"、"圆角"等命令，制作吃豆豆卡通图，尺寸参考图 3.197。

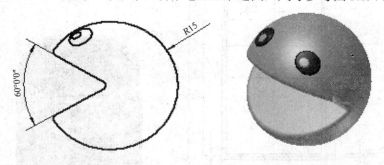

图 3.197　吃豆豆卡通图

3. 运用"扫掠"、"圆角"等命令，制作双 S 挂钩，尺寸参考图 3.198。

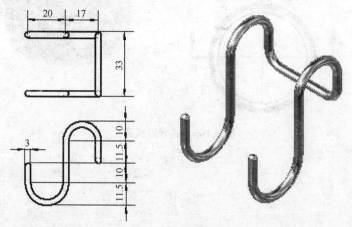

图 3.198　双 S 挂钩

4．运用"拉伸"、"放样"等命令，制作扇叶。叶片形状、大小自定，中间转轴尺寸参考图 3.199。

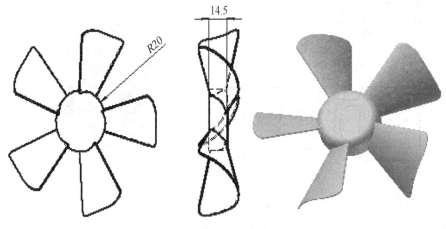

图 3.199　扇叶

5．运用"螺旋扫掠"、"圆角"等命令，制作打蛋器的弹簧，尺寸参考图 3.200。

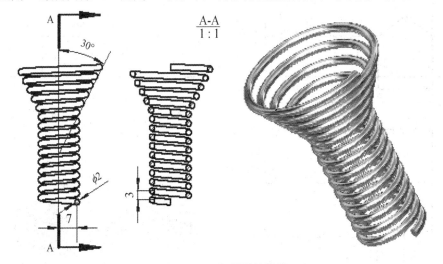

图 3.200　打蛋器的弹簧

6．分别在长方体及锥体的面板上进行文字凸雕，如图 3.201 所示。

图 3.201　文字凸雕

7．运用"拉伸"、"扫掠"、"贴图"等命令制作个性化水杯，尺寸参考图 3.202，贴图自定。

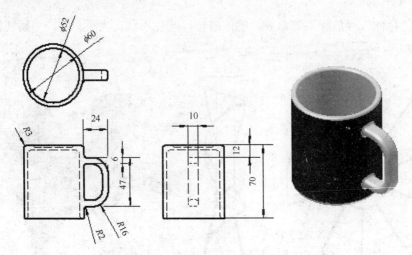

图 3.202 制作个性化水杯

8. 运用"拉伸"、"倒角"等命令，制作房屋模型，尺寸参考图 3.203。

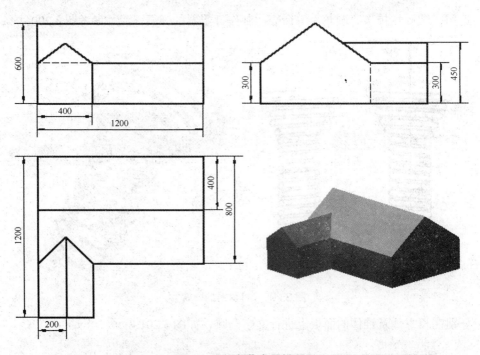

图 3.203 制作房屋模型

9. 运用"拉伸"、"镜像"等命令，制作哑铃，尺寸参考图 3.204。

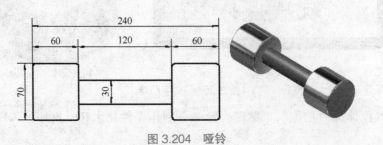

图 3.204 哑铃

10. 运用 "拉伸"、"环形阵列" 等命令，制作锯片，尺寸参考图 3.205。

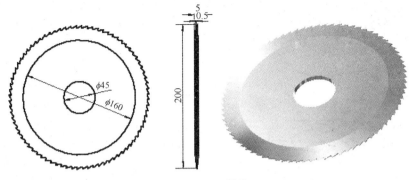

图 3.205　锯片

11. 运用 "拉伸"、"矩阵列" 等命令，制作木栏栅，尺寸参考图 3.206。

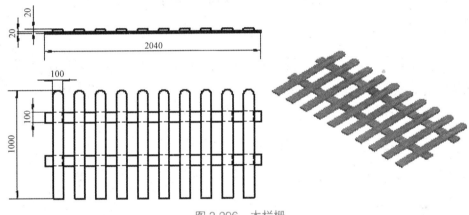

图 3.206　木栏栅

12. 综合练习，制作煤气炉炉架，尺寸参考图 3.207。

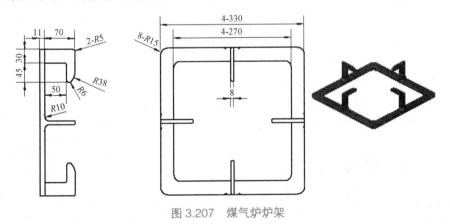

图 3.207　煤气炉炉架

第 4 章

部件设计

在实际生活的绝大多数情况下，单独的零件是不能够完成工作的，产品通常需要多个零件相互配合才能发挥作用，这些相互配合的零件是通过某种形式组合或者组装在一起的，在 Inventor 中，这些组合或组装在一起的零件整体称为部件。

4.1 部件概述

4.1.1 部件设计简介

在产品的设计中，完成零件制作并将其组装，以此来验证产品是否能够满足设计要求，或者从中得到新零件的位置和形状，这就是部件设计。

部件设计主要是进行产品零件的装配和编辑，可以使用已有产品零件进行装配，检查并修改产品零件使之满足设计要求，也可以在装配环境中对照现有零件以及其装配关系创造新的零件。部件设计是创建表达视图、装配工程图等的基础。

在 Inventor 中，提供了多种工具，帮助设计人员更快、更好地发现并改正部件设计中存在的问题，提高设计效率。

4.1.2 部件基本操作和工作流程

一般来讲，部件设计的工作流程有如下几个环节，如图 4.1 所示。

4.1.3 零件的装入

在部件设计过程中，最好按照产品实际制造过程中的装配顺序来装配各个零部件，这样可以尽量符合真实装配过程，也容易发现

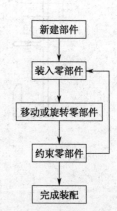

图 4.1 部件设计流程

问题和找出原因。下面谈谈如何在部件环境下，装入零件。

例 4.1 新建一个部件环境，并将水壶的各个零件装入该环境。

操作步骤

（1）新建部件环境

启动 Inventor 2014，单击【新建】按钮，在"新建文件"对话框中双击部件模板图标"Standard.iam"，进入部件环境，如图 4.2 所示。

图 4.2 新建部件

（2）装入零部件

单击"装配"功能区上的【放置】按钮，在"装入零部件"对话框中，选择需要装入的零件："壶体.ipt"、"壶盖.ipt"、"壶把.ipt"、"壶盖顶.ipt"，单击【打开】按钮，所选择的零件将会跟随鼠标箭头进入部件环境，单击鼠标左键完成放置，按键盘上的【Esc】键或者选择鼠标右键菜单中的"确定"来退出，如图 4.3 所示。或从 Windows 资源管理器中，将所要装入的零件直接拖曳到部件环境中，也可以完成零件的装入。

图 4.3 完成放置

操作提示

部件环境和零件环境操作界面结构是相同的，主要区别在于"装配"功能区和"浏览器"。

（1）在部件环境中，不但可以装入零件，也可以装入部件，零件和部件合称零部件。

（2）部件"装配"功能区包含了部件设计的基本命令。利用这些命令，可以装入、创建零部件；也可以替换、阵列、镜像零部件；并为零部件添加装配约束等操作，如图4.4所示。

图 4.4　"装配"功能区　　　　　　　　　　　图 4.5　部件浏览器

（3）部件浏览器可以显示各种零件之间的装配关系，并可对其进行编辑、删除等操作；同时，也可以通过部件浏览器来控制所有零件的"可见性"、"固定"等属性，如图4.5所示。

4.1.4　零部件的移动和旋转

在部件环境中，为了装配零部件时有所参照，一般来讲，需要在装入的所有零部件中选择一个主体零部件将其固定，使之作为基础零部件，并使该零部件的原始坐标系和部件环境中的原始坐标系完全重合，这样方便其他零部件以该固定零部件作为基准进行装配约束。但是，在进行部件装配的过程中，我们会经常临时性地改变零部件的固定属性，或者为了更好地查看零部件，而暂时移动和旋转零部件。

例 4.2　将部件环境中的水壶零件"壶体"设置为固定，并移动和旋转"壶盖顶"。

操作步骤

（1）新建部件环境

启动 Inventor 2014，单击【新建】按钮，在"新建文件"对话框中双击部件模板图标"**Standard.iam**"，进入部件环境。

（2）装入零部件并设置固定属性

单击"装配"功能区上的【放置】按钮，在"装入零部件"对话框中，选择"壶体.ipt"文件，并单击【打开】按钮。接着在图形区域单击右键，选择"在原点处固定放置"选项完成该零件的放置，并按键盘上的【Esc】键或者选择右键菜单中的"确定"退出"放置"命令，如图4.6所示。至此该零件原始坐标系的原点与部件环境坐标系的原点重合，且该零件被固定，在界面左边的浏览器中可以看到零件被固定的图标，如图4.7所示。

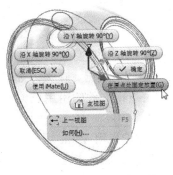

图 4.6 固定放置主体零件

图 4.7 固定零件图标

使用例 4.1 所介绍的方法，将其余零部件装入部件环境。需要注意的是，其余零件无需固定。

（3）移动或旋转零部件

在部件浏览器中，单击"壶盖顶"零件，在"装配"功能区的"位置"面板组中，分别单击"自由移动"或"自由旋转"按钮，把鼠标放在图形区域的"壶盖顶"上拖曳，即可移动或旋转零部件，如图 4.8 所示。

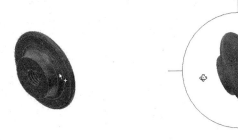

图 4.8 移动和旋转零部件

操作提示

（1）一般而言，在进行装配时，应该有一个零部件为固定零部件。固定的零部件图标前会有一个"图钉"的图标。

（2）在移动零部件时，可以选择单个零部件，也可以按【Ctrl】键或【Shift】键选择多个零部件；而在旋转零部件时，只能选择单个零部件。对于单个零部件，在图形区域拖曳，即可实现移动。

（3）当进行移动和旋转时，零部件间的约束条件将被暂时忽略。如果需要恢复零部件的约束条件，可以单击【更新】按钮，如图 4.9 所示。

图 4.9 【更新】按钮

4.1.5 项目文件

在产品的设计中，通常会用到项目文件。项目文件保存了设计项目中各数据文件的位置（包括用户创建的文件和库文件）以及产品设计过程中的一些其他数据。在大多数情况下，在进行设计工作之前应该创建一个项目，以便正确的存储各个数据文件的引用位置，保证设计中各个文件之间的引用关系正确。

当进行团队合作设计时，多位设计师都必须访问数据，建议使用 Vault 项目。其强大的数据管理功能，能够保留文件的所有版本并搜索和查询设计数据。如果设计工作是由单人完成或不需要其他人访问文件，可使用单用户项目。

例 4.3 新建一个名称为"路由器"的单用户项目，并将其激活。

⊙ 操作步骤

（1）新建项目

① 在关闭所有文件的状态下，单击功能区的"项目"按钮，如图 4.10（a）所示；或在系统菜单中单击"**管理→项目**"选项，如图 4.10（b）所示，弹出"**项目**"对话框。

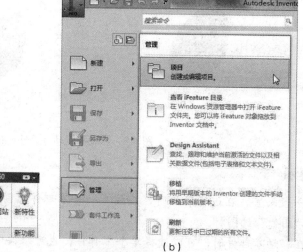
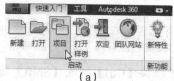

图 4.10 "项目"命令

② "项目"对话框分为上下两部分，上部分中列出已有项目的名称和具体存储位置，下部分是目前激活项目的一些具体内容，如图 4.11 所示。单击【新建】按钮，弹出"Inventor 项目向导"对话框。

③ 选择创建项目类型为"新建单用户项目"，单击【下一步】按钮，在弹出的"Inventor 项目向导"对话框中输入项目的名称以及位置，然后单击【下一步】按钮，如图 4.12 所示。一般情况下，除引用的库文件之外，所有设计文件都应该位于同一个文件夹及其子目录中。

④ 在弹出的"Inventor 项目向导"对话框中，选择库操作。左框中列出了项目列表中所有项目文件的库，如图 4.13 所示。单击向右箭头可以将库位置添加到新项目中。一般情况下，新项目应与现有项目使用相同的库。

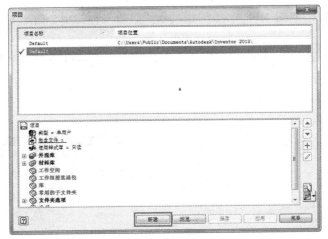

图 4.11 "项目"对话框

图 4.12 输入项目名称及位置

图 4.13 选择库操作

⑤ 单击【完成】按钮，将会关闭新建项目向导。此时可以在"项目"对话框中看到新建的项目。

（2）激活项目

在关闭所有文件的状态下，在功能区单击"项目"，打开"项目"对话框，在所需要激活的项目名称上双击鼠标，项目被勾选，单击【完毕】按钮，即激活所选项目。项目被激活后，在进行打开或者保存操作时，其默认位置即为项目设置的文件夹。

4.2 位置约束零件

在部件环境中装入零部件后，能够使用装配约束来指定各个零部件组合在一起的方式。正确使用装配约束，不仅可以使零部件正确定位，也能够提供干涉检查、模拟动画等操作的基本信息。

单击"装配"功能区上的【约束】按钮，打开"放置约束"对话框。零部件的所有装配约束都将使用该对话框完成。该对话框中包含"部件"、"运动"、"过渡"、"约束集合"四个标签，其中，"部件"标签中提供了"配合"、"角度"、"相切"、"插入"、"对称"五种约束，用

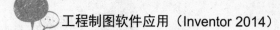

于零部件的正确定位，如图 4.14 所示。"运动"、"过渡"标签用于指定零部件之间相对运动关系的约束。

另外，Inventor 2014 还提供"装配"命令，该命令能够自动识别约束类型，从而提高装配效率，如图 4.15 所示。

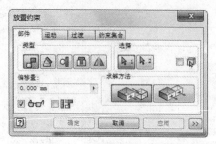

图 4.14 "放置约束"对话框

图 4.15 装配命令

4.2.1 配合

配合约束一般用于将不同零部件的两个平面约束为"面对面"（两面紧贴）或者"肩并肩"（表面齐平）方式。

例 4.4 利用所提供的素材零部件，完成香皂盒的装配，如图 4.16 所示。

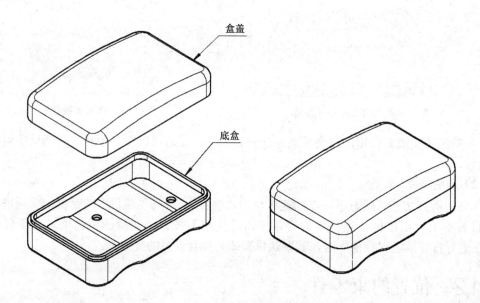

图 4.16 香皂盒装配

操作步骤

（1）新建部件文件

启动 Inventor 2014，单击【新建】按钮，在"新建文件"对话框中双击部件模板图标"Standard.iam"，进入部件环境。

（2）装入零件

单击"零部件"工具组"放置"工具，在"装入零部件"对话框中选择"**底盒.ipt**"，单击【打开】按钮。在部件环境中选择右键菜单中的"**在原点处固定放置(G)**"命令完成该零件的放置与固定。再次使用"放置"工具，按照不固定方式装入"**盒盖.ipt**"，并按键盘上的【Esc】键或者选择右键菜单中的"**确定**"命令退出"放置"命令。

（3）约束零件

① "面对面"约束。首先，将盒盖和底盒开口面紧贴在一起。在功能区单击"约束"工具，依次选择两个零件需要紧贴在一起的面，如图 4.17 所示。当两个零件的相对位置变为"面对面"时，单击【应用】按钮。

② "肩并肩"约束。盒盖和底盒开口面紧贴后，两个零件另外两个方向的侧面还需要对齐。在功能区单击"约束"工具，弹出"放置约束"对话框，单击"表面齐平"约束方式，如图 4.18 所示。选择两个零件需要对齐的面，单击【应用】按钮，如图 4.19 所示。至此，就完成了香皂盒的装配。

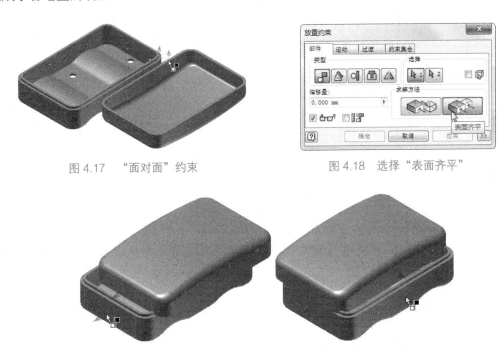

图 4.17　"面对面"约束　　　　　　图 4.18　选择"表面齐平"

图 4.19　"肩并肩"约束

操作提示

（1）在进行约束时，需要了解产品零部件的位置关系和装配顺序，以便于合理选择约束类型。

（2）一般来说，要使两个零部件之间的相对位置完全固定，需要对其在 X、Y、Z 三个方向加以限制，所以往往需要添加 3 个不同方向上的约束。

（3）在进行配合约束时，如果需要涉及的两个平面不在同一个平面，可以使用"偏移量"来定义两个平面之间的距离。

配合约束除了用于上述的情况外，也可以用于零部件点、线、面之间的重合约束。

例 4.5 利用所提供的素材零部件，完成旅行水壶壶口螺纹和壶体之间的装配，如图 4.20 所示。

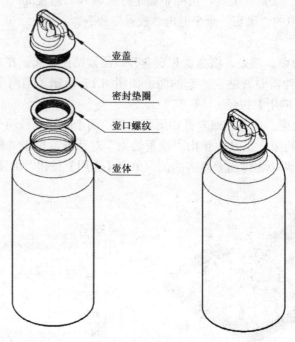

壶盖

密封垫圈

壶口螺纹

壶体

图 4.20 旅行水壶装配

操作步骤

（1）新建部件文件

启动 Inventor 2014，单击【新建】按钮，在"新建文件"对话框中双击部件模板图标（Standard.iam），进入部件环境。

（2）装入零件

单击"零部件"工具组上的【放置】按钮，按照"在原点处固定放置"方式装入"壶体.ipt"，按照不固定方式装入"壶口螺纹.ipt"。

（3）约束零件

① 轴线重合（同轴约束）。"壶体"和"壶口螺纹"的中轴线需要重合。在功能区上单击"约束"工具，弹出"放置约束"对话框，依次单击"壶体"和"壶口螺纹"的圆柱面选择其轴线，如图 4.21 所示。当两个零件的轴线重合以后，单击对话框中的【应用】或【确定】按钮，完成"壶体"和"壶口螺纹"的轴线重合约束。

② 边线重合。单击功能区的"约束"命令，弹出"放置约束"对话框，依次单击壶口轮廓线和壶口螺纹上部轮廓线，如图 4.22 所示。当两条轮廓线重合以后，单击对话框的【确定】按钮，即完成了"壶体"和"壶口螺纹"的全部约束。

图 4.21　轴线重合约束

图 4.22　轮廓线重合约束

操作提示

"壶体"和"壶口螺纹"的轴线重合以后，两个零件还可以沿轴线进行移动，需要将壶口和"壶口螺纹"的上部约束到同一个平面，但壶口处没有平面，无法使用"表面齐平"方式进行约束，故采用边线重合进行约束。

练一练

完成整个旅行水壶的装配，如图 4.20 所示。

4.2.2　角度

角度约束一般用于定义零部件的边线或者平面之间的角度位置。

例 4.6　利用提供的素材零件，完成工具箱的装配，且上盖最大的开启角度为 80°，如图 4.23 所示。

操作步骤

（1）新建部件文件

启动 Inventor 2014，单击【新建】按钮，在"新建文件"对话框中双击部件模板图标（Standard.iam），进入部件环境。

（2）装入零件

单击"装配"功能区的"放置"工具，按照"在原点处固定放置"方式装入"箱体下部.ipt"，按照不固定方式装入"箱体上部.ipt"。

（3）约束零件

① 同轴约束，将箱体上下两部分转轴部位的轴线重合。单击功能区的"约束"工具，弹出"放置约束"对话框，依次单击箱体上下两部分转轴部位的圆柱面以选择其轴

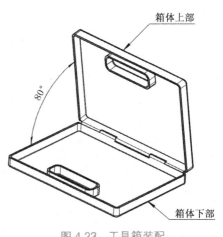

图 4.23　工具箱装配

线，如图 4.24 所示，单击对话框中的【应用】按钮。

② 表面齐平约束，将箱体上、下两部分齐平。单击功能区的"约束"工具，弹出"放置约束"对话框，选择"表面齐平"约束方式，然后分别选择箱体上下部分需要对齐的侧平面，如图 4.25 所示，单击对话框中的【应用】按钮。

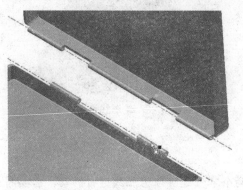

图 4.24　转轴部位约束

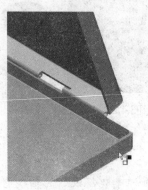

图 4.25　箱体侧面对齐约束

③ 角度约束，设置开启的角度为 80°。在"放置约束"对话框中，单击约束类型为"角度"，然后选择"定向角度"约束方式，"角度"项输入"100"，如图 4.26 所示。依次选择箱体上下部分的内侧平面，如图 4.27 所示，然后单击"放置约束"对话框中的【确定】按钮，完成工具箱上下两部分的约束。

图 4.26　角度约束参数设置

图 4.27　选择角度约束平面

操作提示

（1）"定向角度"约束方式定义的角度将具有方向性，在 Inventor 中，系统默认的方向为"右手规则"，即右手除拇指以外的四个手指旋转方向，拇指指向即为旋转轴正向。

（2）在本例中，两个选择平面方向向上，即起始值均为 0°，若需形成 80°夹角，根据"右手规则"，需要箱体上部旋转 100°（180°-80°=100°），所以在"放置约束"对话框中，角度值为"100"。

4.2.3　相切

相切约束一般用于将平面、柱面、球面和锥面定位在相切点接触。

例 4.7 利用提供的素材零部件，完成 U 盘盖和 U 盘主体之间的装配，如图 4.28 所示。

操作步骤

（1）新建部件文件

启动 Inventor 2014，单击【新建】按钮，在"新建文件"对话框中双击部件模板图标（Standard.iam），进入部件环境。

（2）装入零件

单击"装配"功能区"放置"工具，按照"在原点处固定放置"方式装入"U 盘主体.iam"，按照不固定方式装入"U 盘盖.ipt"。

（3）约束零部件

① 表面齐平约束。单击"约束"命令，在"放置约束"对话框中，选择"表面齐平"约束方式，并分别选择"U 盘主体"和"U 盘盖"需要齐平的平面，单击对话框中的【应用】按钮，如图 4.29 所示。

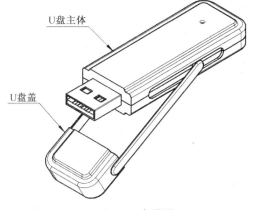

图 4.28　U 盘装配

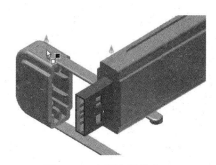

图 4.29　表面齐平约束

② 相切约束。在"放置约束"对话框中，单击约束类型"相切"，并选择"外边框"约束方式，如图 4.30 所示。依次选择"U 盘盖"相应部分的圆柱面和"U 盘主体"滑轨的侧平面，如图 4.31 所示，单击对话框中的【确定】按钮。

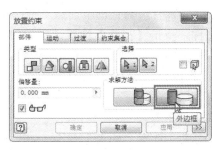

图 4.30　相切约束设置

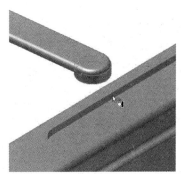

图 4.31　相切约束

操作提示

在本例中，"U 盘盖"需要在"U 盘主体"的滑轨中自由滑动，在滑动过程中，滑轨上下平面需要和"U 盘盖"对应部分有点接触，此种情况需要使用"相切约束"。

在部件环境中，不但可以装入单个的零件文件，也可以装入已经装配好的部件文件，如本题装入的"U 盘主体.iam"文件。

4.2.4 插入

插入约束是两个零部件之间的同轴约束和平面之间"面对面"约束的组合。

例 4.8 利用所提供的素材零部件，完成工具箱转轴部分的装配，如图 4.32 所示。

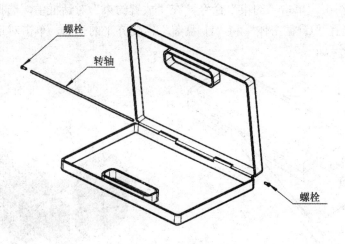

图 4.32　工具箱转轴装配

操作步骤

（1）打开部件文件

启动 Inventor 2014，单击【打开】按钮，在"打开"对话框中选择"工具箱装配.iam"，单击【打开】按钮，进入部件环境。

（2）装入零件

单击"装配"功能区上的【放置】按钮，在"装入零部件"对话框中选择"螺栓.ipt"和

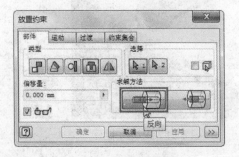

图 4.33　插入约束设置

"转轴.ipt"文件，单击【打开】按钮，在部件环境中单击鼠标左键完成放置，再单击右键菜单中的"完毕"命令。依照上述方法，在装配环境中再放置一个"螺栓"。

（3）约束零部件

① 插入约束。选择"约束"命令，在"放置约束"对话框中，选择约束类型为"插入"，并选中"反向"约束方式，如图 4.33 所示。

② 依次选择"螺栓"和插入孔需要重合的边

线，如图 4.34 所示，当"螺栓"准确进入插入孔后，单击"放置约束"对话框中的【应用】按钮。

③ 同轴约束。在"放置约束"对话框中选择"配合"约束类型，对"转轴"和箱体对应部位做同轴约束，如图 4.35 所示。

图 4.34 插入螺栓

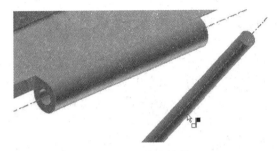

图 4.35 约束转轴

④ "面对面"约束。在部件浏览器中选择"箱体上部"，在其右键菜单中将"可见性"前面的勾选取消，如图 4.36 所示。此时可以对原本被"箱体上部"遮挡的"螺栓"和"转轴"进行约束。

⑤ 选择"螺栓"和"转轴"的对应面，进行"面对面"约束，如图 4.37 所示。

图 4.36 可见性属性

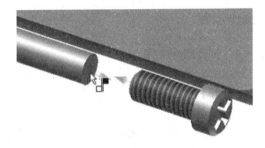

图 4.37 约束转轴和螺栓

⑥ 重复"步骤①～步骤⑤"，将第二个螺栓零件进行插入约束，此时便完成了工具箱的所有装配。

操作提示

（1）在零部件的装配过程中，零部件之间有互相遮挡而造成无法进行操作的情况，这种情况可以通过调整零部件的"可见"属性和"隔离"零部件来解决。

（2）在部件浏览器中，单击相关零部件，在其右键菜单中取消对"可见"选项的勾选，即可将该零部件隐藏；如果选择"隔离"，可将除该零部件以外的所有零部件隐藏，如图 4.38 所示。若需要恢复，则在右键菜单中勾选"可见"选项或者选择"撤销隔离"。

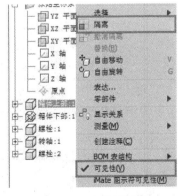

图 4.38 可见性控制

练一练

利用"配合约束"和"相切约束"（内边框方式）完成"例4.8"的装配。

4.3 运动关系约束零件

在 Inventor 中，除了向零部件添加位置关系约束外，还可以添加运动关系约束。运动关系约束能够定义工作状态中零部件之间的运动关系。运动关系约束需要在"放置约束"对话框中的"运动"和"过渡"两个选项卡中定义。

4.3.1 运动

运动约束通常用于定义齿轮与齿轮、齿轮与齿条、蜗轮与蜗杆等设备的运动关系。通过指定两个或多个零部件之间的运动关系，可以实现驱动一个零部件就可以使其他相应的零部件做相应的运动。

例 4.9 利用所提供的素材零部件，完成大小齿轮之间的运动约束，如图 4.39 所示。

操作步骤

（1）打开部件文件

启动 Inventor 2014，单击【打开】按钮，在"打开"对话框中选择"**齿轮组.iam**"文件，单击【打开】按钮，进入部件环境。

（2）约束零部件

运动约束。单击"约束"命令，在"放置约束"对话框中，单击"运动"选项卡，选择"**转动**"类型，方式为"**反向**"，传动比为"**3ul**"，如图 4.40 所示。依次选择大齿轮和小齿轮，单击【确定】按钮，完成齿轮组的约束。此时，拖曳任意一个齿轮，即可带动另一个齿轮的转动。

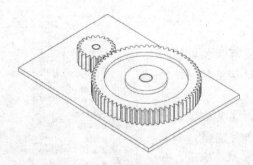

图 4.39 约束齿轮组

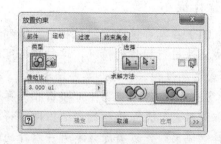

图 4.40 齿轮组运动约束设置

操作提示

（1）"转动—平动"类型适用于齿轮和齿条的组合。

（2）由于大齿轮的直径是小齿轮的 3 倍，所以在"传动比"输入框中输入为"3"，即大齿轮转一周小齿轮转三周。当传动比为"3"时，先选择大齿轮，再选择小齿轮；当传动比为"1/3"时，则先选择小齿轮，再选择大齿轮。

4.3.2 过渡

过渡约束一般用于定义不同零部件之间的各个表面之间的关系。比较典型的就是凸轮机构的运动关系。

例 4.10 利用所提供的素材零部件，完成凸轮机构的约束，即在凸轮的转动过程中，凸轮表面始终要和阀杆保持接触，如图 4.41 所示。

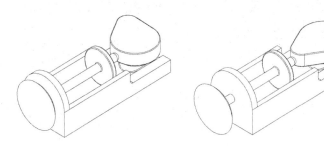

图 4.41 约束凸轮机构

操作步骤

（1）打开部件文件

启动 Inventor 2014，单击【打开】按钮，在"打开"对话框中双击"凸轮机构.iam"文件，进入部件环境。

（2）约束零部件

过渡约束。选择"约束"命令，在"放置约束"对话框中，单击"过渡"选项卡，如图 4.42 所示。依次选择"阀杆"和"凸轮"的相应表面，如图 4.43 所示，单击【确定】按钮。此时转动凸轮，即可看到阀杆上下运动并与其相应表面始终接触。

图 4.42 过渡约束设置

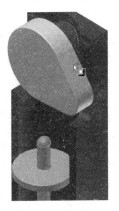

图 4.43 表面的选择

💬 **操作提示**

选择表面时，首先选择"移动面"，即阀杆的对应面，再选择"过渡面"，即凸轮的对应面，选择次序不可对调。

4.4 驱动约束

由于大部分产品都包含有可以运动的部分，比如箱子的开关，风扇扇叶的转动等，在做这些部分的设计时需要模拟相关零部件的运动情况，以此来保障产品设计的合理性、可行性等，这时就可以使用 Inventor 中提供的驱动约束功能。

例 4.11　利用已完成的产品装配部件，模拟 U 盘盖开关运动，并生成 AVI 格式的模拟运动动画，如图 4.44 所示。

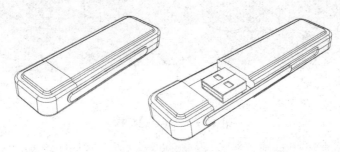

图 4.44　U 盘的驱动约束

💬 **操作步骤**

1．打开部件文件

启动 Inventor 2014，单击【打开】按钮，在"打开"对话框中双击"U 盘.iam"文件，进入部件环境。

2．驱动约束

（1）在"部件浏览器"中选择"**配合 1**"约束，该约束指定了 U 盘盖和 U 盘主体之间的"面对面"约束，在其右键菜单中选择"**驱动**"命令，如图 4.45 所示。

（2）在"驱动约束"对话框中，可以使用"正向"、"反向"等按钮查看 U 盘盖的运动情况。如需要 U 盘盖与 U 盘主体相距更远，则更改终止位置数值，如图 4.46 所示。

图 4.45　"驱动约束"命令

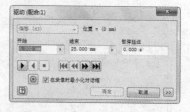

图 4.46　"驱动约束"对话框

3．生成模拟运动动画

单击"录像"按钮，在 "另存为"对话框中输入动画视频的**位置**、**名称**和**格式**，单击

【保存】按钮，在弹出的关于视频属性的对话框中单击【确定】按钮，动画视频便开始录制。此时仍需要使用【正向】、【反向】等按钮来控制零部件的运动，运动结束后单击【确定】按钮，即可生成对应的动画视频文件。

操作提示

（1）使用"驱动约束"对话框中的"录像"按钮，可以进行动画视频的录制。

（2）在装配环境中，可以将"部件浏览器"视图切换为"装配视图"，如图 4.47 所示。该视图中屏蔽掉了所有的零件造型特征，只显示坐标系和零件的约束特征，更容易完成产品的装配操作。

（3）单击"驱动约束"对话框右下角的">>"按钮，可以打开更多选项，如图 4.48 所示。

图 4.47　切换装配视图　　　　　　　　图 4.48　驱动约束更多选项

① 勾选"碰撞检测"选项，则可以在驱动约束的过程中，同时检测各个零部件之间是否出现干涉情况，若检测到有干涉情况出现，Inventor 将立即停止驱动约束并给出提示，同时在部件浏览器和图形区域显示发生干涉的零部件和约束值。

② 在"增量"区域中，当选择"增量值"时，文本框指定的数值为零部件每一次的移动值；当选择"总计步数"时，则以指定的数字平均分割零部件的运动过程。

③ 在"重复次数"区域中，文本框中设定一次驱动约束完成模拟运动的次数，选择"开始/结束"和"开始/结束/开始"选项则用于指定模拟运动的周期状态。

练一练

设计工具箱打开和关闭的驱动约束，如图 4.49 所示。

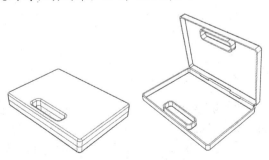

图 4.49　工具箱的驱动约束

4.5 查看与编辑约束

在完成了产品零部件的装配后，由于对产品零部件的后期修改，会出现装配约束不符合实际的设计要求，这时就需要对已经做好的约束进行修改。

实际上，在对产品的零部件进行装配约束时，"部件浏览器"已经对所添加的各种约束进行了记录，在"部件浏览器"的"装配视图"模式下，可以很方便地查看和编辑所添加的约束。

例 4.12 在已完成的产品装配部件中，删除约束"表面齐平:1"，并修改约束"配合:1"的偏移量为"10mm"。

操作步骤

（1）打开部件文件

启动 Inventor 2014，单击【打开】按钮，在"打开"对话框中选择"U 盘.iam"，然后单击【打开】按钮，进入部件环境。

（2）查看约束

在"部件浏览器"中，将视图模式切换为"装配视图"模式，展开"U 盘盖"零件，即可见到对该零件所添加的约束，如图 4.50 所示。

（3）删除约束

在"部件浏览器"中，选择装配约束"表面齐平:1"，单击鼠标右键，在弹出的菜单中选择"删除"命令，即可删除对应约束，如图 4.51 所示。

图 4.50 约束的查看

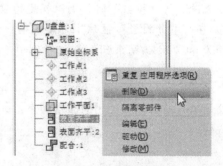

图 4.51 删除约束

（4）修改约束

在"部件浏览器"中，选择装配约束"配合:1"，单击鼠标右键，在弹出的菜单中选择"编辑"命令，弹出"编辑约束"对话框，在该对话框中，把"偏移量"修改为"10mm"，如图 4.52 所示。单击【确定】按钮，即可完成修改。如需要做其他修改，可以参照"放置约束"的操作进行修改。

操作提示

（1）装配约束一般是添加在产品部件中的两个不同的零部件之间，所以同一个装配约束会显示在与其对应的两个零部件中，如图 4.53 所示。

图 4.52 编辑约束

图 4.53 不同零部件之间的同一约束

（2）在进行编辑约束时，如果仅仅是需要修改偏移量，也可以采用另外两种方法。

① 双击对应约束，在弹出的"编辑尺寸"对话框中，修改偏移量，并单击输入框后的"√"确认，如图 4.54（a）所示。

② 选择对应约束，在"部件浏览器"下方会出现一个输入框，在其中修改偏移量后，按【Enter】键，如图 4.54（b）所示。

（3）产品设计过程中，在做好装配约束后，可能会出现需要解除某个约束，但是又不需要删除该约束，这时可以使用对应约束右键菜单中的"抑制"命令，使该约束得以保留但又不发挥任何作用，如图 4.55 所示。"抑制"后的约束图标显示为灰色。

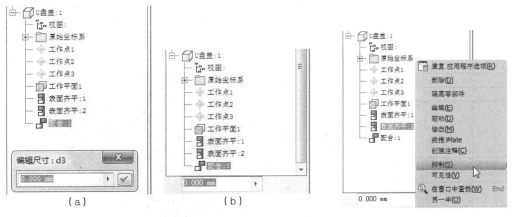

（a）　　　　　　　（b）

图 4.54 修改约束偏移量

图 4.55 抑制约束

4.6　干涉检查

在实际的产品设计过程中，由于所涉及的产品零部件数量多，形态各异，需要设计者考虑到的条件也是多种多样的，所以通常在完成零部件的装配后，部件中会存在两个或者多个零部件同时占用了相同空间的情况，也就是零部件之间发生了重叠，这就是"干涉"。"干涉"在实际的产品中是不可能出现的，发生了"干涉"情况，所设计的产品零部件就还需要修改，使之避免"干涉"。

如何知道所设计的产品零部件是否发生了"干涉"呢，这需要用到"干涉检查"工具。

例 4.13 在已完成的产品装配部件中，检测所有零部件之间是否出现"干涉"情况。

操作步骤

（1）打开部件文件

启动 Inventor 2014，单击【打开】按钮，在"打开"对话框中，选择"**万能充电器.iam**"文件，单击【打开】按钮，进入部件环境。

（2）检查干涉

① 在"部件浏览器"中，选择所有零部件，或在图形区域中框选所有零部件，在"检验"功能区中，单击"干涉检查"工具，如图 4.56 所示。

② Inventor 系统自动分析并检测所有零部件的"干涉"情况，如图 4.57 所示。

图 4.56　干涉检查命令

图 4.57　干涉检查

③ 分析完成后，系统会给出"检测到干涉"的提示，并将干涉部分显示为红色。单击对话框右下角的">>"按钮，显示发生"干涉"的零部件名称，以及干涉部分的体积等信息，如图 4.58 所示。此时产品设计者可以根据上述内容，修改发生"干涉"零部件的尺寸或者形态。

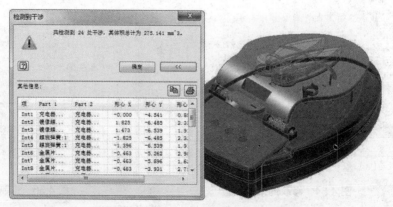

图 4.58　检测到干涉

操作提示

（1）检查干涉时，除了上述方法选择全部零部件外，也可以选择特定的零部件进行检测。在不选择零部件的状态下，单击"过盈分析"，将弹出"干涉检查"对话框，如图 4.59 所示。"定义选择集 1"和"定义选择集 2"按钮，分别用于选择一个或多个零部件，单击【确定】按钮，Inventor 将自动对所选择的两组零部件进行干涉检查。

（2）检查干涉完成后，若选择的零部件之间没有出现"干涉"，Inventor 也会给出"没有检测到干涉"的提示，如图 4.60 所示。

图 4.59 "干涉检查"对话框

图 4.60 无干涉提示

练一练

对【例 4.11】及其"练一练"中的产品进行干涉检查。

4.7 在部件中创建零件

在之前的学习中，零件都是单独被创建的，但是在实际的产品中，通常零件之间都是有关联的，这需要设计者在进行产品零件设计的时候，多考虑零件之间的关系。Inventor 除了能够单独创建零件外，也可以在部件环境中创建零件，从而直观地处理零件之间的关系。

例 4.14 在装配环境下，创建"可视门铃"前壳的屏幕盖板，尺寸如图 4.61 所示。

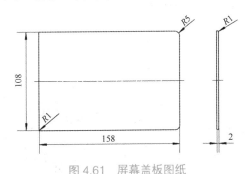

图 4.61 屏幕盖板图纸

操作步骤

（1）打开部件文件

启动 Inventor 2014，单击【打开】按钮，在"打开"对话框中，双击"可视门铃.iam"文件，进入部件环境。

（2）创建零件

① 单击功能区的【创建】按钮，打开"创建在位零部件"对话框，输入零件名称和保存

位置，单击【确定】按钮，如图 4.62 所示。

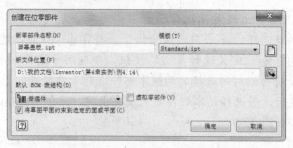

图 4.62　创建在位零部件

② 单击前壳最外层平面，创建"屏幕盖板"零件，如图 4.63 所示。

③ 在新创建的"屏幕盖板"零件的原始坐标系中，选择"XY 平面"新建一个草图。

④ 在功能区单击"投影几何图元"工具，投影出前壳的某些图元作为定位参照，绘制屏幕盖板草图，如图 4.64 所示。

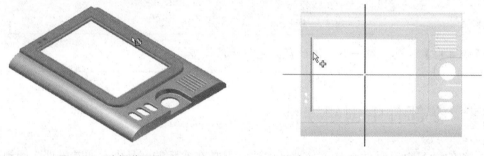

图 4.63　选择草图平面　　　　图 4.64　投影图元

⑤ 完成草图后，按照单独创建零件的方法，用各种造型工具制作零件的各个特征。在完成整个零件的制作以后，单击工具栏最右边的"返回"按钮，返回部件环境。此时，创建的零件已经存在于部件环境中，并且自动添加了装配约束。由于该零件是通过"投影图元"的方式创建的，其尺寸会随着被投影零件的相关尺寸的改变而改变，所以该零件前的图标为自适应样式，如图 4.65 所示。

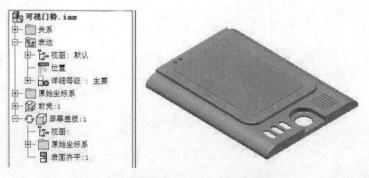

图 4.65　完成部件环境下的零件创建

操作提示

（1）对于产品的设计，一般而言有两种方法。一种是首先完成每一个零件的具体设计，然后将所有零件装配到一起，在组装和试用中发现问题，并对问题零件进行修改，最后定型设计，这种方法称为自底向上设计，常用于机械设计领域。与自底向上设计相对应的是自顶向下的设计方法，这种方法首先从产品的整体入手，根据产品的各种功能需要和生产加工要求去创建零件，使零件逐步具体和细化，最后完成整个设计。在部件中创建零件正是自顶向下方法的一种体现。

（2）在部件环境中，如果需要编辑某一个零件，在"部件浏览器"或者图形区域双击该零件，即可进入零件环境进行编辑。

练一练

在装配环境下，创建"可视门铃"的"接听按钮"和"功能按钮"，零件尺寸如图 4.66 所示。

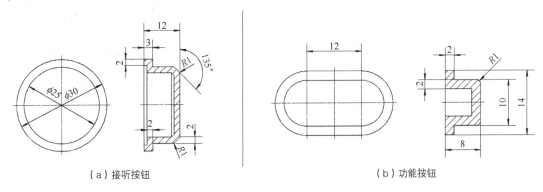

（a）接听按钮　　　　　　　　　　　　　　（b）功能按钮

图 4.66　按钮图纸

4.8　衍生零件和部件

在实际的产品设计中经常会遇到这样的情况：产品中的一些零件，除了某些细节不同以外，大部分形态是一样的，单独一个个创建很费事，比如电话的按键。如果先创建了相同部分，再通过复制的办法修改细节，看似方便省事，但是当这些零件一旦需要修改相同的部分，那就必须每一个都进行修改，也很费事。

Inventor 提供的"衍生"功能，能够很好地解决上述问题。"衍生"可以将现有零件或者部件作为基础特征来创建新的零件，使新零件不仅具有现有零件或部件的特征，也可以在此基础上创建新的特征，如果修改现有零件或者部件的特征，新零件的特征也会随之修改。

4.8.1　衍生零件

衍生零件是将已有的零件作为基础，创建新的零件，零件中的各种特征、草图、参数等都可以被继承到新的零件当中，而且新零件还可以相对基础零件按比例放大或缩小。

例 4.15　利用已完成的零件作为基础，通过"衍生"功能创建电话机的各个数字按键。

操作步骤

（1）新建零件文件

启动 Inventor 2014，单击【新建】工具，在"新建文件"对话框中双击"**standard.ipt**"文件，进入零件环境。

（2）衍生零件

① 在"三维模型"功能区单击"衍生"工具，如图 4.67 所示。在弹出的"打开"对话框中双击"**按键基础.ipt**"文件。

② 在弹出的"衍生零件"对话框，单击【确定】按钮，"按键基础.ipt"即在"部件浏览器"和"图形区域"中显示，如图 4.68 所示。

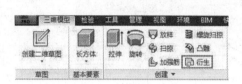

图 4.67　"衍生"命令

图 4.68　"衍生"后的零件

（3）修改衍生零件

在按键顶部平面新建草图，输入数字"1"，并进行"凸雕"操作，如图 4.69 所示，即可完成电话按键"1"的创建。

图 4.69　凸雕按键

操作提示

如果需要更改按键的形状或者尺寸，只需直接修改"按键基础.ipt"零件模型，其他以此为基础衍生出来的零件将随之被修改。

练一练

完成"例 4.16"的其他数字按键。试着修改"按键基础.ipt"零件，观察衍生的数字按键是否也一同被修改？

4.8.2 衍生部件

衍生部件是基于现有的部件创建新零件。可以将一个部件中的多个零件合并为一个零件，也可以从另一个零件中减去一个零件。这种零件的创建方式更易于观察，也可以避免出错。

例 4.16 利用已完成的装配部件，制作电子计算器上壳的按键孔，如图 4.70 所示。

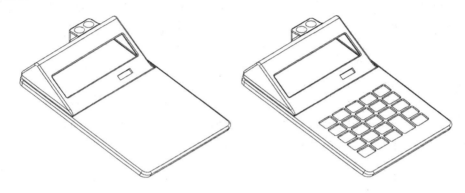

图 4.70 制作计算器上壳按键孔

操作步骤

（1）新建零件文件

启动 Inventor 2014，单击【新建】按钮，在"新建文件"对话框中双击"**standard.ipt**"文件，进入零件环境。

（2）衍生部件

① 单击"衍生"命令，弹出"打开"对话框，选择"计算器.iam"文件，单击【打开】按钮。在弹出的"衍生部件"对话框中，单击"键盘:1"，使之前面变为减号（一），如图 4.71 所示，单击【确定】按钮。

② 在"部件浏览器"和"图形区域"，可看到"衍生"部件后得到的零件。该零件是从"前壳"减去"键盘"得到的。

图 4.71 衍生部件 　　　　图 4.72 衍生部件结果

📝 操作提示

"衍生"功能在 Inventor 中属于比较高级的应用，应用的方式和种类各种各样。在多实体环境下的"衍生"使用尤其多见，是自顶向下设计的一种常用方法。

4.9　自适应设计

自适应功能是 Inventor 一个突出的特点。所谓自适应就是利用零部件中的关联进行设计，当该零部件中的某个条件改变时，其对应特征将进行自动调整，以满足之前的装配条件。这也是自顶向下设计的一种体现。

4.9.1　创建相互关联的零部件

产品中通常存在一些相互有关联的零件，这些零件上某些对应的特征是相互影响的。如螺栓和对应的孔，螺栓的尺寸变化势必会影响孔的尺寸改变。

例 4.17 ▎利用提供的 U 盘上盖，创建 U 盘指示灯零件。

📝 操作步骤

（1）新建部件文件

启动 Inventor 2014，单击【新建】按钮，在"新建文件"对话框中双击部件模板图标"Standard.iam"，进入部件环境。

（2）装入零件

单击"装配"功能区上的【放置】按钮，在"装入零部件"对话框，选择"上盖.ipt"文件，单击【打开】按钮，在部件图形区域单击右键，选择"在原点处固定放置"命令后，按键盘【Esc】键退出"放置"命令。

（3）创建新零件

单击工具栏上的【创建】按钮，打开"创建在位零部件"对话框，在相应位置输入零件名称为"指示灯"和文件位置，单击【确定】按钮后，在"上盖"的内平面创建零件，如图 4.73 所示。

图 4.73　选择草图平面

（4）创建新零件特征

① 在新零件的原始坐标系的"XY 平面"新建一个草图后，单击"投影几何图元"工具，将"上盖"的指示灯孔轮廓线投影出来，如图 4.74 所示。在"三维模型"功能区中单击

"拉伸"工具，向上拉伸高度为"2mm"，如图 4.75 所示。

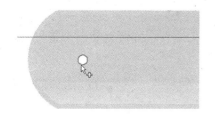

图 4.74　投影轮廓线

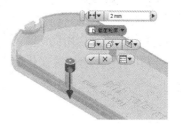

图 4.75　拉伸指示灯顶部

② 在拉伸特征底部建立草图，单击"偏移"工具，输入偏移距离"1mm"，如图 4.76 所示。单击"拉伸"工具，向下拉伸环形，高度为"1mm"，如图 4.77 所示。

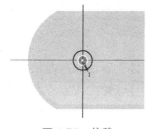

图 4.76　偏移

图 4.77　拉伸指示灯底部

③ 对指示灯顶部进行圆角，圆角半径为"1mm"，如图 4.78 所示。

④ 返回部件环境，指示灯已经创建，并且在"部件浏览器"中的指示灯零件前出现了自适应符号，如图 4.79 所示。

图 4.78　指示灯顶部圆角

图 4.79　自适应创建完毕

⑤ 由于指示灯的基础尺寸是由从"上盖"零件的对应孔投影所得，更改"上盖"零件的对应特征，会引起指示灯尺寸的变化，如图 4.80 所示。

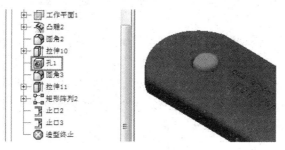

图 4.80　改变对应特征尺寸

4.9.2 创建变形零件

在产品设计中经常会用到一些能够自己产生形变的零件，弹簧就是一个很好的例子，它的尺寸会随着其他零件的位置变化而变化。

例 4.18 利用已完成的装配部件，制作减震器弹簧零件，并制作减震器的工作状态动画，如图 4.81 所示。

■操作步骤

（1）打开部件文件

启动 Inventor 2014，单击【打开】按钮，在"打开"对话框中选择"减震器**.iam**"，然后单击【打开】按钮，进入部件环境。

（2）创建零件

单击工具栏上的【创建】按钮，打开"创建在位零部件"对话框，在相应位置输入零件名称为"弹簧"和保存位置，单击【确定】按钮。在原始坐标系的"YZ 平面"创建零件，如图 4.82 所示。

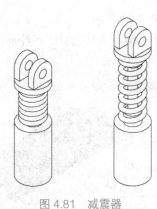

图 4.81 减震器

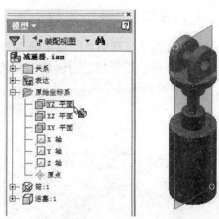

图 4.82 建立草图平面

（3）创建联动尺寸

在新零件的原始坐标系的"XY 平面"新建一个草图后，利用"投影几何图元"工具，将与弹簧配合的表面和弹簧缠绕的表面投影到草图中。利用"尺寸"命令标出与弹簧配合表面投影之间的距离，在弹出的"创建联动尺寸"对话框中选择"接受"，如图 4.83 所示。

（4）创建弹簧

① 在草图中绘制弹簧横截面，直径为"**4mm**"的圆，且与相应的投影线相切，完成草图，如图 4.84 所示。

② 单击"三维模型"功能区的"螺旋扫掠"工具，如图 4.85 所示。在"螺旋扫掠"对话框中，弹簧横截面自动被系统识别为"截面轮廓"，在"部件浏览器"中选择"弹簧"零件原始坐标系中的"Y 轴"作为轴，如图 4.86 所示。

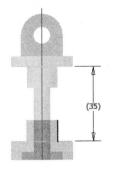

图 4.83 创建联动尺寸

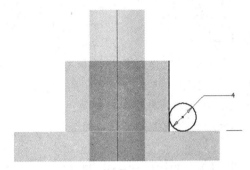

图 4.84 绘制弹簧横截面

③ 在"螺旋扫掠"对话框中，单击"螺旋规格"选项卡，类型选择"转数和高度"，转数输入"7ul"，高度输入"d0-d1"（即先单击联动尺寸，输入"-"号，再单击弹簧横截面直径），单击【确定】按钮，弹簧创建完毕，如图 4.87 所示。

图 4.85 "螺旋扫掠"命令

（5）录制视频

① 在"部件浏览器"中，单击"活塞"零件的约束"表面齐平"，如图 4.88 所示。

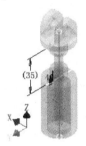

图 4.86 选择弹簧轴

图 4.87 "螺旋扫掠"参数

② 鼠标右键单击"表面齐平"的约束，选择"驱动约束"命令。在弹出的"驱动约束"对话框中，勾选"驱动自适应"选项，如图 4.89 所示。按照"例 4.11"的方法录制视频，可以看到弹簧的长度随着活塞位置的变化而变化。

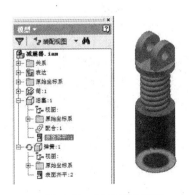

图 4.88 弹簧创建完毕

图 4.89 "驱动自适应"选项

操作提示

（1）通常情况下，虽然弹簧高度发生变化，但是转数不会变化，所以在做"螺旋扫掠"操作时，"类型"选择"转数和高度"。

（2）由于弹簧高度是指弹簧上下横截面中心的距离，所以在输入高度时，需要在配合表面之间的距离上减去弹簧横截面直径。

4.10 组装特征制作

在实际的产品设计中，对于产品零件的组装，特别是产品外壳的组装，为了实现其固定、对齐等功能，往往需要设计一些特殊的形状，而 Inventor 将这些作为专用特征提供了出来，可以大大提高设计效率。

4.10.1 创建止口

在组装塑料壳体零件时，需要在接口处设计止口来辅助定位需要对接的零件。止口需要在两个零件上分别设计两个状态——止口和槽，这是两个可以相互搭配的形状。

例 4.19 在已经完成的"下壳体"零件中，创建止口。

操作步骤

（1）打开零件文件

启动 Inventor 2014，单击【打开】按钮，在"打开"对话框中，双击"**下壳体.ipt**"文件，进入零件环境。

（2）创建止口

① 在"三维模型"功能区的"塑料零件"工具组中，单击"**止口**"命令，并在弹出的"止口"对话框中，单击【止口】按钮，如图 4.90 所示。

② 单击零件外壳的外圈作为"路径边"，选择需要添加卡扣的面作为"引导面"，如图 4.91 所示。

③ 单击【确定】按钮，完成了"下壳体"止口的制作，如图 4.92 所示。

图 4.90 "止口"对话框

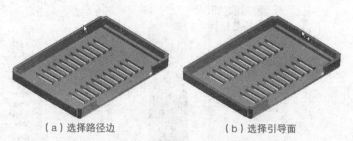

（a）选择路径边　　　　　　　（b）选择引导面

图 4.91 确定止口位置

操作提示

（1）在"止口"对话框中，单击"止口"选项卡，可以对所要添加的止口进行形态和尺寸的设置，如图 4.93 所示。

图 4.92　完成下壳体止口

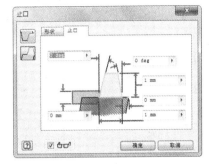

图 4.93　设置止口参数

（2）"止口"工具也能够添加不连续的止口。首先需要在零件上添加两个工作平面，然后在"止口"对话框的"形状"选项卡中，单击"路径范围"选项，并选择两个工作平面，如图 4.94 所示。这时，所添加的止口就只有在两个工作平面之间的一段，如图 4.95 所示。

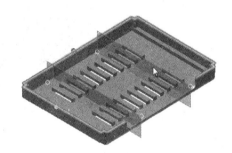

图 4.94　选择止口范围

练一练

对照"下壳体"零件的止口部分，完成"上壳体"零件对应位置的创建，使两个零件能够正确对接定位。

提示：在"止口"对话框中，单击"槽"按钮，如图 4.96 所示。

图 4.95　不连续止口

图 4.96　制作"槽"

4.10.2　创建螺栓固定柱

固定两个零部件，一般需要使用螺栓。如果要在塑料零件上使用螺栓，就必须要为螺栓设计固定柱。和止口一样，螺栓固定柱也是两两配对的。

例 4.20　在已经完成的零件中，创建螺栓固定柱，使两个零件能够用螺栓进行固定。

操作步骤

（1）打开零件文件

启动 Inventor 2014，单击【打开】按钮，在"打开"对话框中，双击"**下壳体.ipt**"文件，进入零件环境。

（2）创建螺栓固定柱

① 在"原始坐标系"中的"XY 平面"上，建立草图，如图 4.97 所示。

② 在草图中绘制两个"点"，与坐标原点水平对齐，且基于 Y 轴对称，两点之间距离 80mm，如图 4.98 所示。

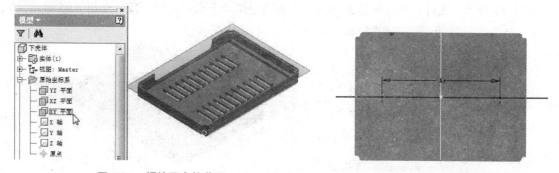

图 4.98　螺栓固定柱草图　　　　　　　　　　图 4.97　选择草图平面

③ 单击"三维模型"功能区，在"塑料零件"工具组中单击"凸柱"命令。在弹出的"凸柱"对话框中，单击"头"按钮，如图 4.99 所示。此时，系统自动选择草图中的两个点，确定固定柱位置。

④ 单击【确定】按钮，完成"下壳体"螺栓固定柱的制作，如图 4.100 所示。

图 4.99　"凸柱"对话框　　　　　　　　　　图 4.100　完成螺栓固定柱

操作提示

（1）建立草图时，可以不选择"原始坐标系"中的"XY 平面"，而选择零件最上端的平面或者自行建立工作平面，草图平面的位置决定了螺栓固定柱的高度。值得注意的是，两个相互配合的零件，各自的草图平面也要相互配合，不然会出现两个零件无法对接的情况。

（2）在"凸柱"对话框中，"端部"和"加强筋"2 个选项卡，分别用于设置螺栓固定柱的尺寸和定义固定柱的加强筋。

练一练

对照"下壳体"零件的螺栓固定柱部分，完成"上壳体"零件对应位置的创建，使两个零件能够正确对接定位。

提示：需要在"凸柱"对话框中，单击"螺纹"按钮。

4.11　产品组装实例

例 4.21　利用已经完成的产品零件，进一步完善其细节，并组装成一个产品，如图 4.101 所示。

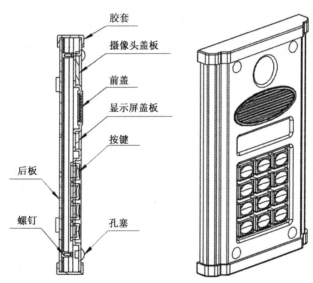

图 4.101　可视门铃呼叫端

操作步骤

（1）完成前盖按键孔

① 新建部件，将"前盖未开孔.ipt"和"按键.ipt"2 个文件装入部件环境。

② 对"按键"添加约束，使之与按键位边界面的偏移量均为"2.5mm"，按键底部与前盖底部正常贴合，如图 4.102 所示。

③ 单击功能区上的"阵列"工具，在"阵列零部件"对话框中，单击"矩形"选项卡，将"按键"阵列为 4 行 3 列，间距分别是 17mm 和 21mm，如图 4.103 所示，并将该零部件保

存为部件，命名为"中间部件.iam"。

④ 新建零件，单击"衍生"命令，选择"步骤③"保存的"中间部件.iam"部件，并单击所有"按键"前面的符号，将其变为减号，如图 4.104 所示。单击【确定】按钮，完成前盖按键孔的制作。

⑤ 保存零件，文件名为"前盖.ipt"。

图 4.102 添加按钮约束

图 4.103 阵列按钮

（2）完成前盖、后板止口和螺栓固定柱

① 打开"后板.ipt"，在"原始坐标系"的"XZ 平面"建立草图，绘制 4 个点，如图 4.105 所示，完成草图。

图 4.104 衍生零件

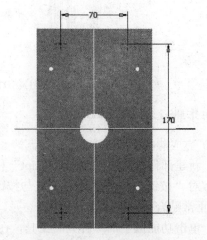

图 4.105 螺栓固定柱草图

② 单击"三维模型"功能区，在"塑料零件"工具组单击"凸柱"命令，在"凸柱"对话框中，单击"螺纹"按钮，完成螺栓固定柱的制作。

③ 单击功能区的"止口"命令，在"后板"的两侧分别制作止口。后板效果如图 4.106 所示。

④ 打开"前盖.ipt"文件，对照后盖螺栓固定柱和止口尺寸，制作前盖的对应特征。注意在"凸柱"和"止口"对话框中需要分别选择"螺纹"和"槽"按钮。

图 4.106　后板

（3）装配零件

① 新建部件，将"前盖"、"后板"、"按键"、"螺钉"和"孔塞"装入部件环境，并将"后板"固定。

② 为"按键"和"前盖"2 个零件添加约束，使按键与按键位边界面的偏移量均为"2.5mm"，按键底部与前盖底部正常贴合列。将"按键"阵列为 4 行 3 列，间距分别是 17mm 和 21mm。

③ 对"前盖"和"后板"添加 3 个方向的表面齐平约束，使之正确对接，如图 4.107 所示。

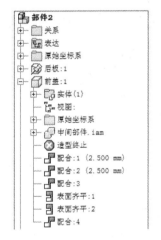

图 4.107　"前盖""后板"约束

④ 使用"约束"命令中的"插入"命令，添加"螺钉"、"孔塞"与"前盖"之间的约束，并使用"阵列"命令，完成其余 3 个螺栓固定柱位置的装配，如图 4.108 所示。

图 4.108　"螺钉"和"孔塞"的装配

（4）在部件中创建胶套等零件

① 单击【创建】按钮，在"前盖"底平面创建"胶套"零件，如图 4.109 所示，并在其原始坐标系的"XY 平面"建立草图。

② 使用"投影几何图元"命令，在草图中投影"前盖"和"后板"的外部轮廓，并向外偏移"1mm"，如图 4.110 所示，完成草图。

图 4.109　创建"胶套"零件

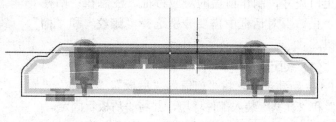

图 4.110　　"胶套"草图

③ 单击"模型"功能区的"拉伸"工具，进行"不对称"拉伸，距离分别是"1mm"和"9mm"，如图 4.111 所示。

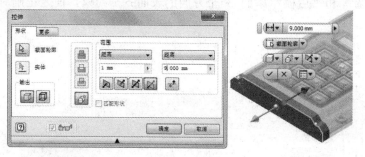

图 4.111　　"不对称"拉伸

④ 单击"圆角"工具，对胶套底部圆角；单击"抽壳"工具，选择胶套上表面为开口面，抽壳厚度为"1mm"，如图 4.112 所示。

图 4.112　　"胶套"抽壳

⑤ "胶套"创建完成后，单击【返回】按钮，进入部件环境。

⑥ 单击"镜像"工具，选择"前盖"零件的"XY 平面"作为镜像平面，制作另一端的胶套，如图 4.113 所示。

⑦ 单击【创建】按钮，在部件中创建零件"摄像头盖板"和"显示屏盖板"，其厚度均为"1mm"。

⑧ "可视门铃呼叫端"产品的效果如图 4.114 所示。

图 4.113 镜像 "胶套"

图 4.114 完成产品

本章小结

任何产品的零件都不可能被单独设计出来。在设计时，需要考虑产品零件之间的联系和配合。Inventor 提供了十分强大的装配设计能力，不仅可以完成产品零件的装配，也可以帮助设计者发现设计中的问题，并进行快速修改。

习题 4

1. 利用所提供的 U 盘零件，灵活运用所学知识技巧，进行装配约束，如图 4.115 所示。
2. 利用所提供的开瓶器零件，灵活运用所学知识技巧，进行装配约束，如图 4.116 所示。

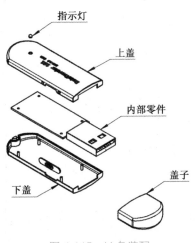

图 4.115 U 盘装配

图 4.116 开瓶器装配

3. 利用所提供的产品图纸，灵活运用所学知识及设计技巧，创建 "可视门铃" 可视端的各个零件，并进行装配约束。如图 4.117～图 4.120 所示。

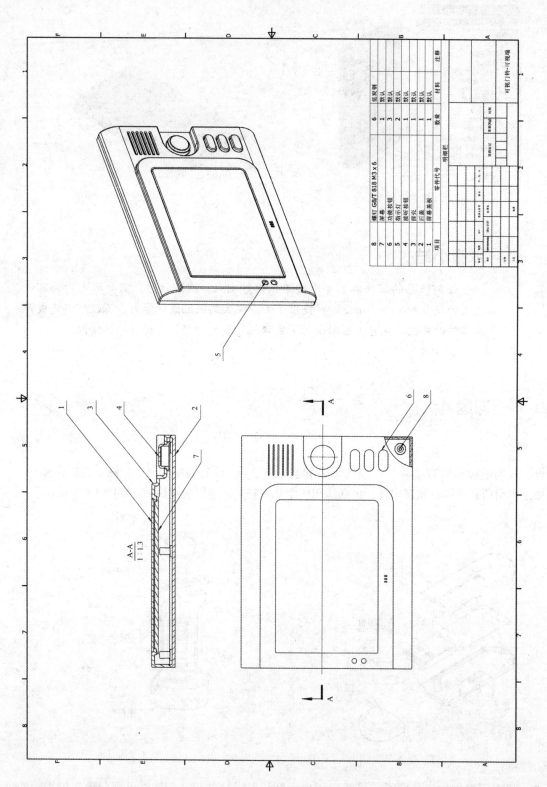

8	螺钉 GB/T 818 M3×6	6	低碳钢		
7	屏幕	1	默认		
6	功能按钮	3	默认		
5	指示灯	2	默认		
4	接听按钮	1	默认		
3	前壳	1	默认		
2	后盖	1	默认		
1	屏幕盖板	1	默认		
项目	零件代号	数量	材料		注释

可视门铃-可视终端

图 4.117　可视门铃图纸 1

130

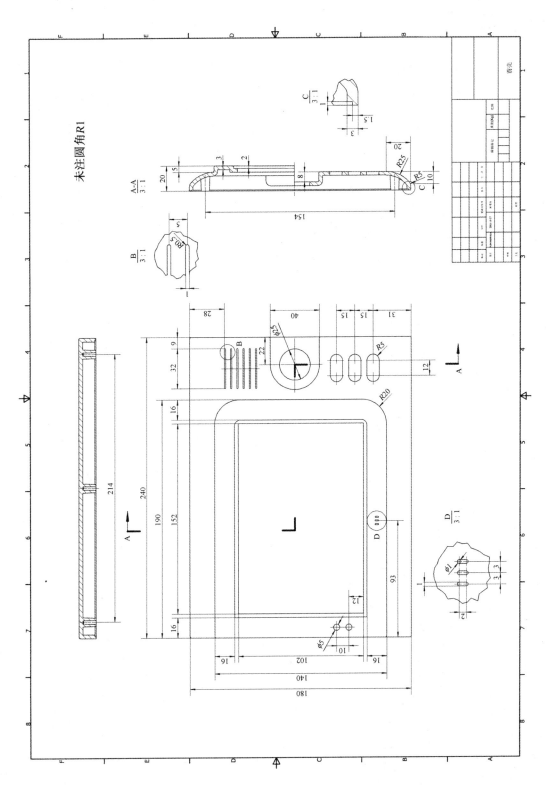

图 4.118 可视门铃图纸 2

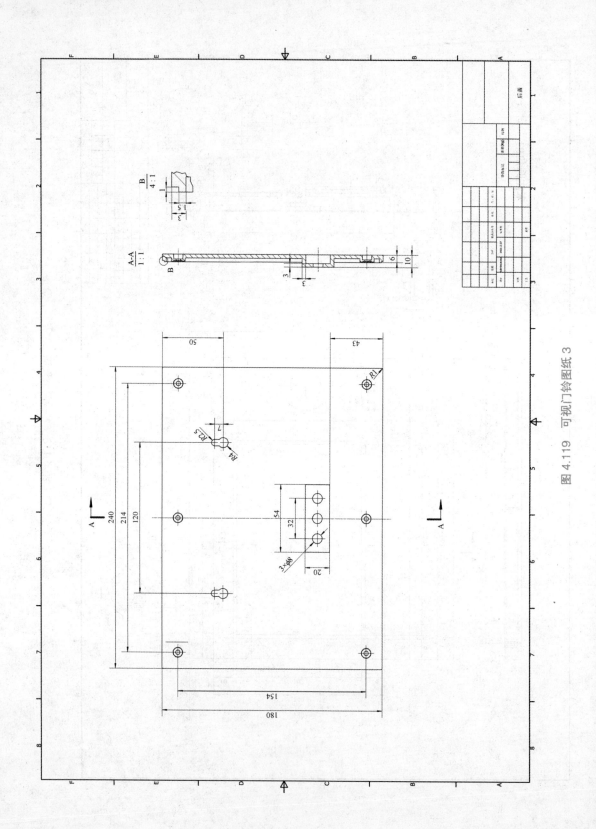

图 4.119 可视门铃图纸 3

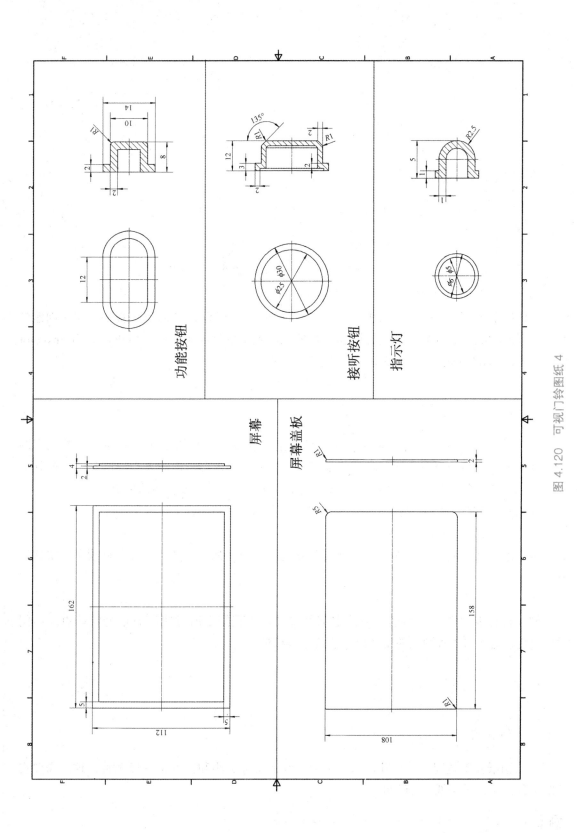

图 4.120 可视门铃图纸 4

工 程 图

产品从设计到生产制造，绘制工程图是必不可少的一个环节。Inventor 提供了快速创建二维工程图的功能，而且能够使工程图和零件的三维数字模型同步更新。所以，利用 Inventor 可以方便、高效地创建与设计模型相关联的工程图。

5.1 工程图概述

工程图是表达所设计的产品零部件信息的主要手段。产品的设计者需要在二维工程图中，全面表达产品的形态尺寸、工艺要求以及装配方法等内容，由此来指导产品的生产制造全过程。所以，产品零部件工程图的绘制是产品设计中的一个十分重要的环节。

Inventor 具有强大、智能的工程图绘制功能，具有如下特点：

（1）快速方便

由三维零件生成二维工程图，并且提供三视图、局部视图、剖视图等各种视图的快速生成工具。

（2）参数化关联

如果设计者更改了三维模型中的零部件尺寸，工程图上所对应的数据会自动更新；同样，也可以通过对工程图上的零件尺寸修改三维模型上的特征。

5.2 工程图视图

5.2.1 图纸的编辑

产品图纸并不是同一种尺寸，需要根据产品的实际大小和比例来进行调整，这就需要在绘制工程图时，对图纸进行编辑。

例 5.1 创建新工程图，并将图纸大小设置为 A3 页面。

操作步骤

（1）新建工程图

启动 Inventor 2014，单击【新建】按钮，在"新建文件"对话框中，双击工程图的模板图标"Standard.idw"，新建工程图，如图 5.1 所示。

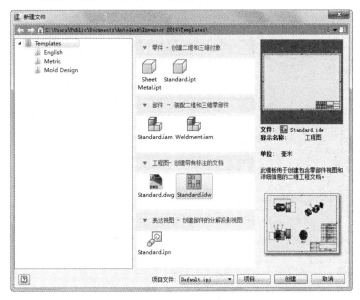

图 5.1　新建工程图

（2）编辑图纸

在界面左边的"浏览器"中，右键单击"图纸:1"，在弹出的菜单中选择"编辑图纸"命令，如图 5.2 所示。弹出"编辑图纸"对话框，将"大小"选项改为"A3"，单击【确定】按钮完成，如图 5.3 所示。

图 5.2　"编辑图纸"命令

图 5.3　修改图纸参数

5.2.2　基础视图和投影视图

在新创建的工程图中，第一个视图是基础视图，基础视图是创建其他视图的基础。利用投影视图工具，可以从现有视图中创建正交视图或等轴视图。

例 5.2 ▍ 创建"旋钮"零件工程图视图，如图 5.4 所示。

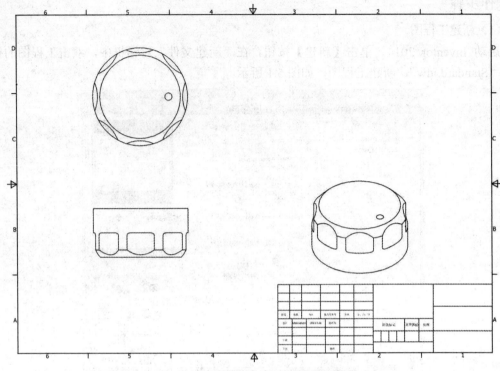

图 5.4 "旋钮"基础视图和投影视图

操作步骤

（1）新建工程图

启动 Inventor 2014，单击【新建】按钮，在"新建文件"对话框中，双击工程图模板图标"**Standard.idw**"，新建工程图，并设置图纸大小为 **A3** 页面。

（2）放置基础视图

单击功能区的"基础视图"工具，在弹出的"工程视图"对话框中，输入零件的路径及文件名，"比例"修改为"**2:1**"，选择"显示方式"为"不显示隐藏线"，如图 5.5 所示。单击【确定】按钮后，在图纸区域单击后，在右键菜单中选择"确定"命令即在图纸上放置了零件的前视图，拖曳该视图，将其放置到合适位置。

（3）放置投影视图

① 单击功能区的"投影视图"工具，单击刚才放置的基础视图，拖曳鼠标到基础视图上方，即生成该零件的仰视图，如图 5.6 所示。

② 单击鼠标左键确定投影视图位置，单击鼠标右键，在弹出的快捷菜单中选择"创建"命令，即完成投影视图的创建，如图 5.7 所示。

（4）放置轴侧视图

使用放置基础视图的方法，放置等轴侧视图。在"工程视图"对话框的"方向"列表中，选择相应的等轴侧视图。

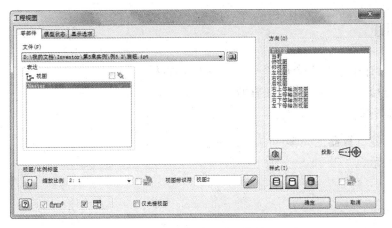

图 5.5 "工程视图"对话框

图 5.6 放置投影视图　　　　　　　　　　图 5.7 创建投影视图

操作提示

（1）在放置基础视图时，可以不单击"工程视图"对话框中的【确定】按钮，而是直接在工程图的适当位置，单击鼠标左键，完成基础视图的放置。使用这种方法放置基础视图，系统会在放置完毕后，自动转入投影视图的放置。

（2）在放置基础视图或等轴侧视图时，如果在"方向"列表中，没有合适的方向选择，则在"工程视图"对话框中，单击"更改视图方向"按钮，自定义零件的表达方向，如图 5.8 所示。

图 5.8 更改视图方向

5.2.3 斜视图

在产品的设计中，经常会遇到一些零件的某个面不平行于基本投影面，而这些面又有特征需要表达，这时就要用到斜视图。

例 5.3 创建计算器上壳零件的斜视图，如图 5.9 所示。

操作步骤

（1）新建工程图

启动 Inventor 2014，单击【新建】按钮，在"新建文件"对话框中，双击工程图模板图标"**Standard.idw**"，新建工程图。

（2）放置基础视图

单击功能区的"基础视图"工具，在弹出的"工程视图"对话框中，输入零件的文件名及路径，选择"**显示方式**"为"**不显示隐藏线**"，"**方向**"设置为"**仰视图**"，并将该视图放置到合适位置。

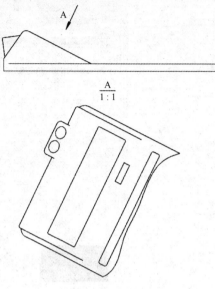

图5.9　斜视图

（3）放置斜视图

单击功能区的"斜视图"工具，单击选择基础视图，并单击需要表达平面的几何图元作为投影方向，如图 5.10 所示，并拖曳鼠标到合适的位置，效果如图 5.11 所示。

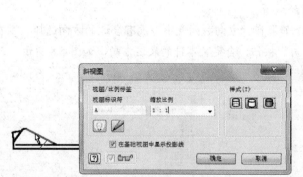

图5.10　斜视图投影方向

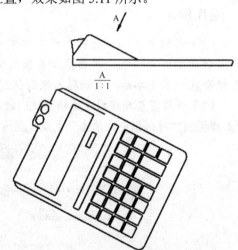

图5.11　斜视图放置完成

（4）修剪斜视图

① 选择斜视图，并选择功能区的"创建草图"工具，使用"样条曲线"绘制草图，圈出视图中需要保留部分，完成草图，如图 5.12 所示。

② 使用功能区的"修剪"命令，单击刚才绘制的草图，如图 5.13 所示，完成视图多余部分的修剪。

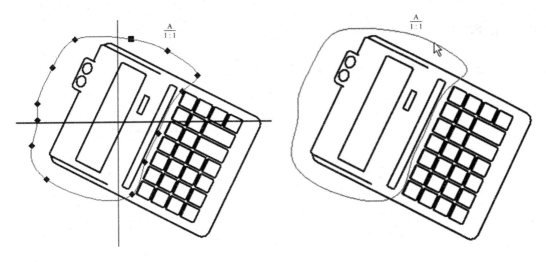

图 5.12　绘制修剪草图　　　　　　图 5.13　选择修剪区域

（5）打断视图对齐

单击选择斜视图，并单击功能区的"断开对齐"工具，即解除斜视图与基础视图之间的对齐关系，并将斜视图拖曳到合适位置并放置，如图 5.14 所示。

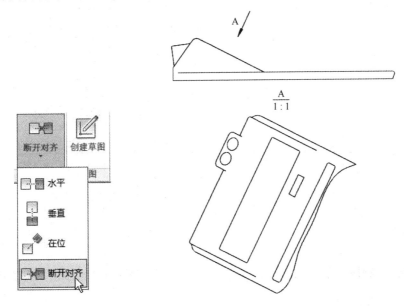

图 5.14　解除对齐关系

操作提示

（1）斜视图创建后，通常要使用"修剪"工具来删除视图中的多余部分。

（2）投影出来的视图和基础视图是对齐的，如果将其移动到其他位置，则需要用"断开对齐"工具来解除它们之间的关系。

5.2.4 剖视图

当需要表达产品零部件内部结构时，使用剖视图。

例 5.4 ▏▏ 创建旋钮零件的剖视图，如图 5.15 所示。

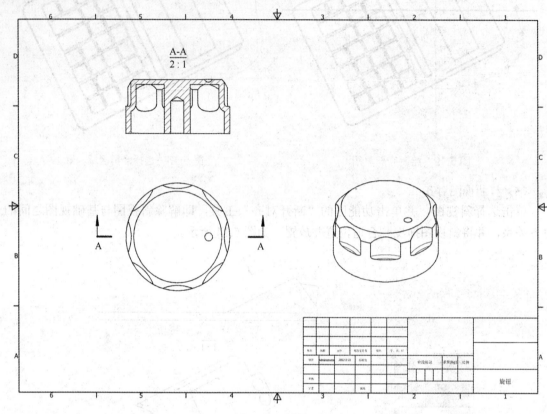

图 5.15　剖视图

🔵 操作步骤

（1）打开工程图

启动 Inventor 2014，单击【打开】按钮，在"打开"对话框中，双击文件"**旋钮.idw**"，打开工程图。

（2）放置剖视图

① 选择"旋钮"基础视图，使用功能区的"剖视图"工具，将鼠标移动到零件圆心位置，自动捕捉零件圆心，如图 5.16（a）所示。

② 将鼠标沿着通过圆心的水平虚线，移到基础视图左侧，并单击鼠标创建剖切面起点，如图 5.16（b）所示。

③ 将鼠标水平移到基础视图右侧，单击鼠标创建剖切面终点，单击鼠标右键，在弹出的菜单中选择"继续"命令，如图 5.16（c）所示。

④ 将剖视图移动到适当位置，单击鼠标，完成剖视图的创建，如图 5.16（d）所示。

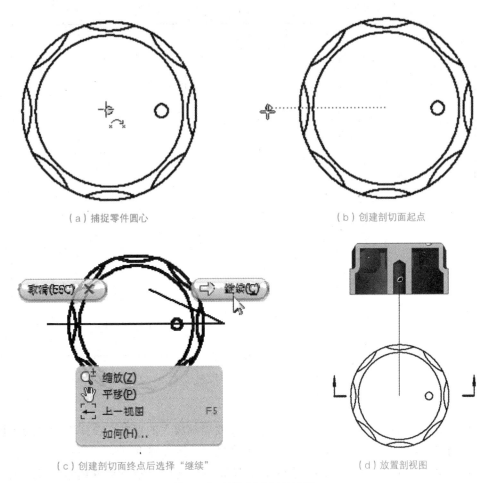

（a）捕捉零件圆心　　　　　　　　　　　　（b）创建剖切面起点

（c）创建剖切面终点后选择"继续"　　　　　　（d）放置剖视图

图5.16　剖视图的创建过程

操作提示

使用"剖视图"命令，除了创建上述全剖视图以外，还可以创建旋转剖和阶梯剖。它们之间的不同点关键在于剖切面的指定，有兴趣的读者可以自己尝试完成。

5.2.5　局部视图

当要更好地表达产品零部件的局部细节特征时，需将产品零部件局部细节用大于原图的比例单独绘制，这就要使用到局部视图。

例5.5 创建所提供的旋钮零件的局部视图，如图5.17所示。

操作步骤

（1）打开工程图

启动 Inventor 2014，单击【打开】按钮，在"打开"对话框中双击"**前壳.idw**"文件，打开工程图。

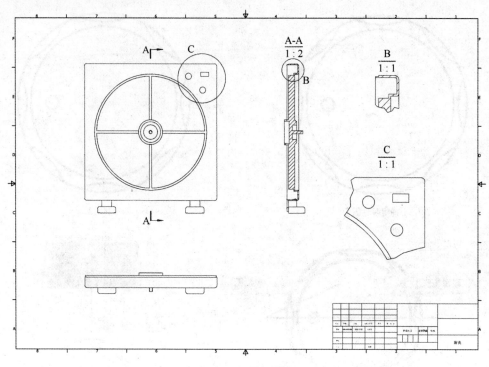

图 5.17　局部视图

（2）放置局部视图

① 使用功能区的"局部视图"工具，单击需要局部放大的视图，在弹出的"局部视图"对话框中，设置视图标识符、比例、轮廓形状的属性，如图 5.18 所示。

② 在需要局部放大的位置，通过绘制圆，确定放大区域，如图 5.19 所示，移动鼠标到适当位置单击鼠标，完成局部视图的创建。

图 5.18　"局部视图"对话框

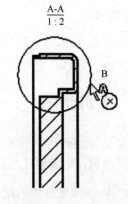

图 5.19　确定放大范围

练一练

使用上述放置局部视图的方法，创建如图 5.17 所示的局部视图 C。

5.3 工程图标注

创建产品零部件工程图后，还需要为其进行尺寸的标注，以便作为零件加工过程中的参考。

5.3.1 添加中心标记与中心线

在工程图环境的"标注"功能区中，"中心线"、"对分中心线"、"中心标记"和"中心阵列"工具用于创建中心标记或者中心线，如图 5.20 所示。

图 5.20　中心标记与中心线工具组

例 5.6　创建调节旋钮零件的中心标记和中心线，如图 5.21 所示。

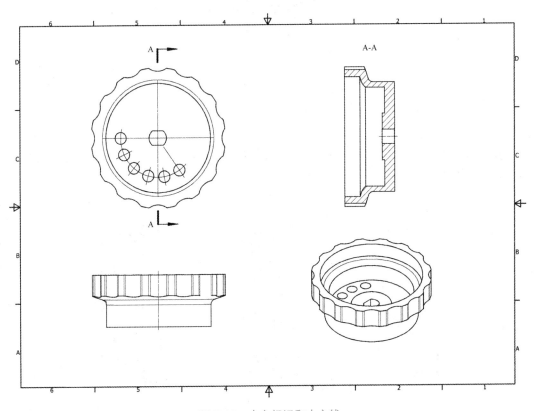

图 5.21　中心标记和中心线

操作步骤

（1）打开工程图

启动 Inventor 2014，单击【打开】按钮，在"打开"对话框中，选择文件"调节旋钮.idw"，单击【打开】按钮，打开工程图。

（2）添加中心线

使用"标注"功能区中的"中心线"工具，分别单击主视图上下边线的中点，并单击鼠标右键，在弹出的菜单中选择"创建"命令，操作步骤如图 5.22 所示。

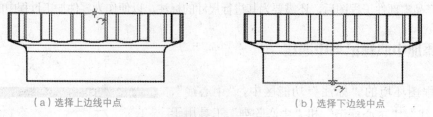

（a）选择上边线中点　　　　　　　　（b）选择下边线中点

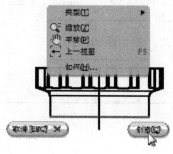

（c）创建中心线

图 5.22　中心线的创建

（3）添加对分中心线

单击"对分中心线"命令，分别单击剖视图的孔的上下边线，创建该孔的"对分中心线"，操作步骤如图 5.23 所示。

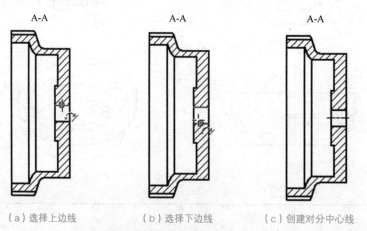

（a）选择上边线　　　　（b）选择下边线　　　　（c）创建对分中心线

图 5.23　对分中心线的创建

（4）添加中心标记

单击"中心标记"命令，单击俯视图的圆，创建该圆的中心标记，如图 5.24 所示。

（5）添加中心阵列

选择"中心阵列"命令，先在阵列中心单击鼠标左键指定中心，依次选择阵列的对象，单击鼠标右键选择"创建"命令，如图 5.25 所示。

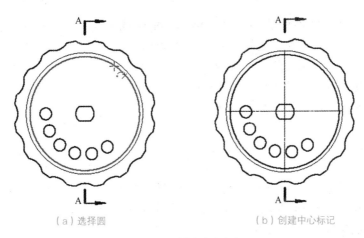

（a）选择圆　　　　　　　　　　　　　（b）创建中心标记

图 5.24　创建中心标记

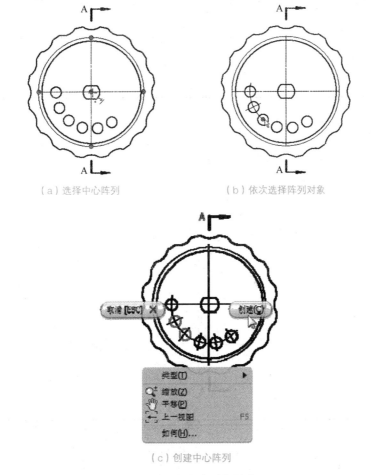

（a）选择中心阵列　　　　　　　　　　（b）依次选择阵列对象

（c）创建中心阵列

图 5.25　中心阵列的创建

操作提示

（1）"中心线"常用于标明旋转体或者孔的轴线；"对分中心线"用于创建两条边的中心线；"中心标记"常用于标明圆弧或者圆的中心；"中心阵列"用于创建阵列特征的环形中心线。

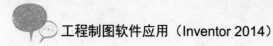
（2）Inventor 除了提供手动添加中心标记和中心线外，还有"自动中心线"功能。选择需要添加中心线的视图，右击鼠标，在弹出的快捷菜单中选择"自动中心线"命令，弹出"自动中心线"对话框，设置中心标记和中心线的应用对象、投影方向等，如图 5.26 所示。

5.3.2　添加尺寸标注

工程图的尺寸标注，一般使用"标注"功能区中的"尺寸"工具完成。该命令的使用方法和在草图环境中进行尺寸约束的方法相同，可以标注线性尺寸、圆形尺寸、角度尺寸等。若产品零件存在"孔"和"倒角"特征，则分别使用"孔和螺纹"和"倒角"命令标注。

图 5.26　自动中心线

练一练

例 5.7　将所提供的镜头后盖零件的工程图标注完整，如图 5.27 所示。

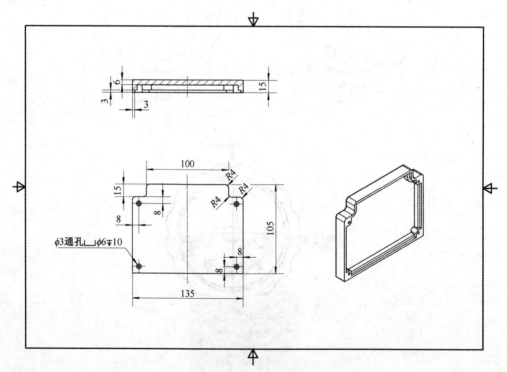

图 5.27　工程图的标注

5.3.3　编辑尺寸标注

在工程图的标注中，并不是所有的尺寸都是利用"通用尺寸"工具标明即可，一般都还需要对所标注的尺寸进行相应的编辑才符合标注需要。

例 5.8　编辑孔塞零件工程图的标注，使之完整合理，效果如图 5.28 所示。

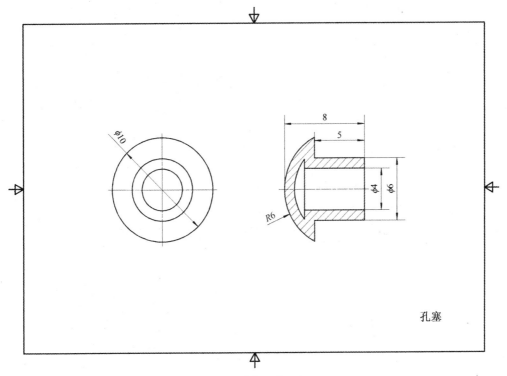

图 5.28　孔塞零件工程图

◎ 操作步骤

（1）打开工程图

启动 Inventor 2014，单击【打开】按钮，在"打开"对话框中双击文件"孔塞.idw"，打开工程图。

（2）删除尺寸

选择左边视图"$\phi6$"标注，单击鼠标右键，在弹出的快捷菜单中选择"删除"命令，删除该尺寸标注，如图 5.29 所示。按照上述操作，删除左边视图中的"$\phi4$"标注。

图 5.29　删除尺寸

（3）移动尺寸

将鼠标移至右视图的标注"5"上，单击鼠标并拖曳到合适位置。

（4）添加符号

单击右视图的标注"4"，单击鼠标右键，在弹出的快捷菜单中选择"编辑"命令，弹出"编辑尺寸"对话框，将光标移至插入位置前端，单击"插入符号"，在菜单中选择"直径"

符号，如图 5.30 所示。按照上述操作，在右视图的标注"6"前面，添加直径符号。

图 5.30　添加直径符号

（5）编辑精度

单击右边视图的标注"R5.67"，单击鼠标右键，在弹出的快捷菜单中选择"**编辑**"命令，弹出"编辑尺寸"对话框，单击"精度与公差"选项卡，在"**基本单位**"下拉列表中选择"**0**"，如图 5.31 所示，单击【确定】按钮。

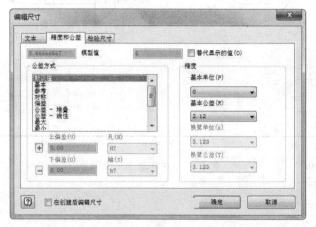

图 5.31　编辑尺寸精度

操作提示

（1）删除尺寸标注，除采用右键菜单中的"删除"命令外，也可以使用键盘上的【Delete】键进行删除。

（2）在编辑标注时，如果需要自定义某个标注值，可单击该标注，并单击鼠标右键，在弹出的快捷菜单中选择"编辑"命令，弹出"编辑尺寸"对话框，勾选"隐藏尺寸值"选项，在编辑区输入自定义的文字或尺寸。

5.4　添加序号及明细表

爆炸图能够很好地反应产品零部件之间的装配关系，通常是产品工程图不可或缺的。在爆炸图的绘制中，需要添加序号和明细表，以便记录部件中零部件的数量、材料等特性。

例 5.9 为多功能笔筒的爆炸图添加序号和明细表，如图 5.32 所示。

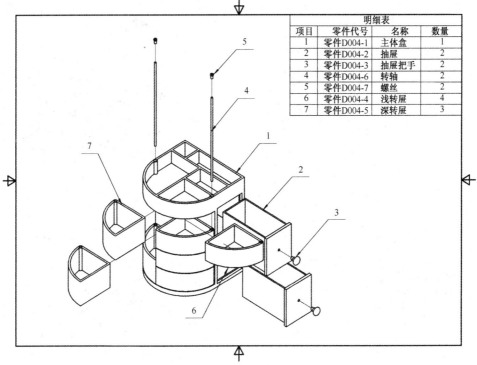

明细表			
项目	零件代号	名称	数量
1	零件D004-1	主体盒	1
2	零件D004-2	抽屉	2
3	零件D004-3	抽屉把手	2
4	零件D004-6	转轴	2
5	零件D004-7	螺丝	2
6	零件D004-4	浅转屉	4
7	零件D004-5	深转屉	3

图 5.32　多功能笔筒爆炸图

操作步骤

（1）打开工程图

启动 Inventor 2014，单击【打开】按钮，在"打开"对话框中，双击文件"工程图 **D004.idw**"，打开工程图。

（2）添加序号

① 单击"标注"功能区的"引出序号"工具，如图 5.33 所示。选择爆炸图中的主体零件，该零件变为红色，如图 5.34 所示，单击鼠标左键后，在弹出的"ROM 表结构"对话框中，单击【确定】按钮，将引出序号拖曳到合适位置，单击鼠标左键确定，再单击鼠标右键，在弹出的快捷菜单中选择"继续"命令，继续完成该零件序号的添加，如图 5.35 所示。所有零件序号添加完毕后，按键盘【Esc】键退出序号添加。

② 添加序号后，如需调整其位置，先单击该序号的起点或终点，并拖曳到合适位置，如图 5.36 所示。

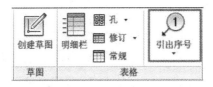

图 5.33　引出序号命令

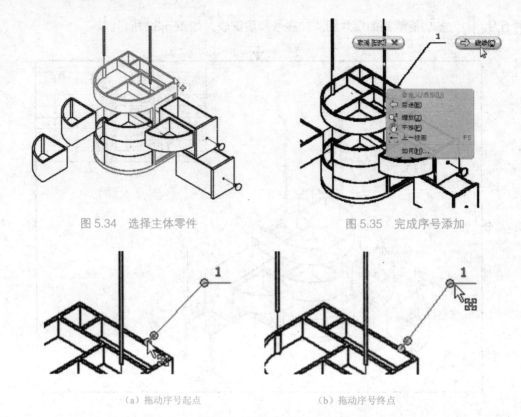

图 5.34 选择主体零件 　　　　　　　　　图 5.35 完成序号添加

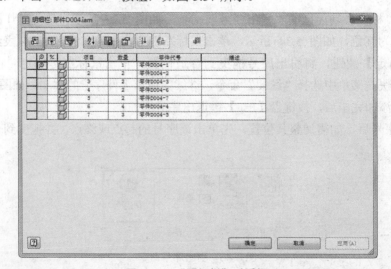

（a）拖动序号起点 　　　　　　　　　（b）拖动序号终点

图 5.36 调整序号位置

③ 按照上述操作，为其余零件添加序号。

（3）添加明细表

① 单击"标注"功能区的"明细栏"工具，弹出"明细栏"对话框，单击爆炸图，单击【确定】按钮，拖曳明细栏至图纸右上角。

② 在明细栏上单击鼠标右键，在弹出的快捷菜单中选择"编辑明细栏"命令，弹出"明细栏"对话框，单击"列选择器"按钮，如图 5.37 所示。

图 5.37 "明细栏"对话框

③ 在"明细栏列选择器"对话框中，利用【添加】、【删除】、【上移】和【下移】按钮，调整需要在明细栏中显示的栏目，如图 5.38 所示，单击【确定】按钮。

④ 将鼠标在明细表的列分割线上拖曳，调整各列的宽度，如图 5.39 所示。

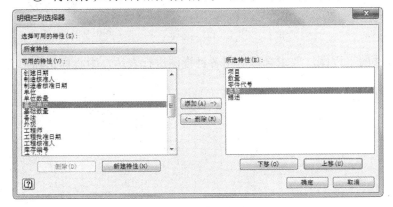

图 5.38　明细栏列选择器

图 5.39　调整各列的宽度

操作提示

添加序号的操作，除了采用手动方式逐一添加外，也可以使用自动方式一次性添加。选择"自动引出序号"工具，弹出"自动引出序号"对话框，设置视图、零件和放置方式等，单击"确定"按钮，完成序号的自动引出，如图 5.40 所示。

（a）自动引出序号命令

（b）自动引出序号对话框

图 5.40　自动引出序号

本章小结

目前来看，国内的加工制造条件还远远不能够达到无图化生产的条件，所以二维工程图依然是表达零件和部件信息的一种重要方式。利用 Inventor 的工程图环境，可以快速、方便地绘制对应三维模型的工程图，使工作效率大幅提高。

习题 5

　　完成例 5.9 中所有产品零件的工程图，要求合理运用各种视图进行表达，中心标记和中心线使用得当，标注完整明确。

第 6 章

表 达 视 图

产品装配时，让装配工人清楚装配的步骤是很重要的。使用三维动态的方法对产品零部件的装配顺序和装配位置进行演示，可以直观明确地表达产品设计者的意图，这将大大节省装配工人读图的时间，也排除了读图错误的可能性，有效地提高工作效率。

6.1 表达视图的概念与作用

表达视图是用来表达产品零部件的装配关系以及拆装过程，它能够很直观地展现产品零部件之间的配合关系，也能够清楚地表达在产品中被部分或完全遮挡的部分。将表达视图应用于工程图，还可以快速地创建出爆炸图。

6.2 创建动画演示

表达视图的创建过程相对而言比较简单。下面通过产品表达视图的创建过程，介绍Inventor 软件表达视图创建的基本方法。

例 6.1 创建 U 盘的表达视图，并生成装配过程的动画演示，如图 6.1 所示。

⬭ 操作步骤

（1）新建表达视图

启动 Inventor 2014，单击【新建】按钮，在"新建文件"对话框中，双击表达视图模板图标"**Standard.idw**"，新建工程图，如图 6.2 所示。

单击功能区的"**创建视图**"工具，弹出"选择部件"对话框，选择"U 盘.iam"文件，单击【确定】按钮，将产品载入

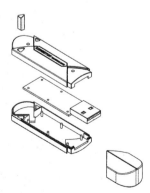

图 6.1 U 盘表达视图

表达视图文件中。

图 6.2　创建表达视图

（2）调整零部件位置

单击"调整零部件位置"工具，在弹出对话框的"创建位置参数"选项组中，单击【零部件】按钮，在图形区域选择"盖子"零件；单击对话框"创建位置参数"选项组的"方向"按钮，并在"盖子"零件上方单击，并在"变换"选项组，输入在 Z 轴移动的距离为"35"，单击"√"按钮完成该零件的位置调整，如图 6.3 所示。单击【清除】按钮后，继续下一个零件的位置调整。

图 6.3　调整零部件位置

（3）录制演示动画

选择功能区上的"动画制作"工具，单击"录像"按钮，在弹出的"另存为"对话框中，输入动画视频保存的位置名称，单击"正向播放"按钮，开始播放并同步录制演示动画视频，如图 6.4 所示。播放完毕后再次单击【录像】按钮，完成演示动画视频的录制。

图 6.4　录制演示动画

操作提示

（1）在"调整零部件位置"对话框中，"创建位置参数"选项组的主要功能是：确定需调整位置的零部件，为调整位置的零部件设置坐标系，确定是否显示零件移动轨迹；"平移"选项组的主要功能是：设定零部件的轴方向以及距离参数。其中，调整的距离可以通过在对话框中以输入参数的方式实现；也可以通过手动方式，直接拖曳鼠标实现。

（2）在输入平移距离时，输入完毕后按【Enter】键，可以即刻预览零件调整后的位置，如需调整，可重新输入修改值，确定输入值则单击对话框中的"√"按钮。

（3）在浏览器中单击"浏览器过滤器"图标，勾选"顺序视图"项，浏览器即列出调整零件位置的每一个序列，拖曳鼠标可调整序列顺序或合并序列（用于同时发生的动作）。如图 6.5 所示。若将零件拖曳至"隐藏"文件夹中，则执行该序列时，"隐藏"文件夹中的零件不可见；若单击序列中的动作，在浏览器下方的输入框中，可以快速地修改零件移动的数值。

（4）在演示动画的制作过程中，如在进行某一个动作时，为了方便观察，需要改变此时的观察视角或缩放比例，可以先在图形区域完成视角和缩放比例的改变，然后在浏览器中双击该动作序列，在弹出的"编辑任务及顺序"对话框中，单击"设置照相机"按钮，此时视角和缩放比例的设置将保存在该动作序列中，如图 6.6 所示。在播放动画演示视频时，画面将自动切换到保存的视角和缩放比例。

值得注意的是，视角和缩放比例在该动作序列完成后，不会自动切换回原来的状态，如果需要切换回原来的状态，需要在下一个动作序列中，再次"设置照相机"。

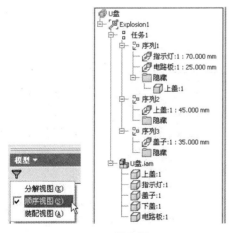

图 6.5　顺序视图

图 6.6　设置照相机

本章小结

在 Inventor 中，表达视图的创建相对比较简单。一般来讲，一个产品的装配过程是与拆解过程正好相反的。要正确清楚地表达这个过程，需要设计者对产品的装配有清楚地了解，除此之外，制作时的仔细和耐心也是必须的。

习题 6

创建旅行水壶的表达视图，并生成装配过程的动画演示。

提示：壶盖零件需要平动和转动同时进行，转动的设置如图 6.7 所示。

图 6.7 壶盖零件的转动设置

第 7 章

渲　　染

在 Inventor 中，Inventor Studio 工具既可以进行近似于照片效果的静态渲染，也可以进行逼真的动画渲染，对于企业的产品宣传、提升企业产品形象有重要意义。尽管与某些专业软件相比，它在细节处理上还有些差距，然而 Inventor Studio 操作简单、实用性强，能够很好地满足制造业在这方面的需求。本章主要介绍在 Inventor Studio 环境下的静态渲染和动画渲染。

7.1　静态渲染概述

1. 静态渲染概述

为产品模型设置合理的材质、纹理、灯光、阴影、反射、折射、场景等，输出具有真实效果的渲染图片，这过程称之为静态渲染。如图 7.1 所示，利用 Inventor Studio 工具渲染而成的具有照片级的音箱效果图。

图 7.1　利用 Inventor Studio 工具渲染的音箱效果图

2．静态渲染思路

Inventor Studio 功能被嵌入到 Inventor 中，用户可以直接通过菜单选项，进入 Inventor Studio 环境，并且可以根据设计过程中的需要，在装配或零件环境与 Inventor Studio 环境之间切换，并在 Inventor Studio 功能区对产品的外观样式、光源样式、场景样式、照相机等进行设置。

3．渲染的基本流程

（1）在装配或零件环境中，单击"环境"功能区，激活 Inventor Studio 命令；
（2）依次设置模型的曲面样式、光源样式、场景样式、照相机样式；
（3）单击 Inventor Studio，渲染图像；
（4）若渲染效果不佳，重复"步骤（2）"和"步骤（3）"。

7.2 静态渲染应用

图 7.2 渲染挂锁

7.2.1 渲染金属类产品

例 7.1 渲染挂锁，如图 7.2 所示。

📄**操作步骤**

（1）双击"锁身.ipt"文件，进入零件环境。在"快速工具栏"选择"金属光泽金色"，如图 7.3 所示。

图 7.3 设置锁身材质

（2）设置锁身文字颜色为"黑色"。单击"浏览器"中"凸雕"项，选中所有文字，单击鼠标右键，在弹出的快捷菜单中选择"特性"命令，如图 7.4 所示。弹出"特征特性"对话框，在"特征外观"下拉菜单中选择"黑色"命令。

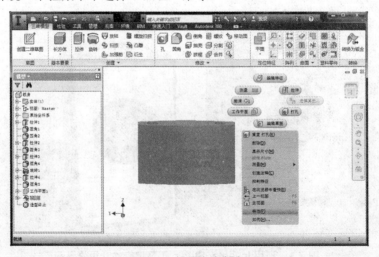

图 7.4 设置文字颜色

（3）单击"快速工具栏"外观命令，弹出"**外观浏览器**"对话框，选择"**金属光泽金色**"材质球，双击打开，单击勾选"**凹凸**"选项卡，选择系统自带的凸纹图像"**Pattern_7b_bump.bmp**"，如图 7.5 所示。

（4）双击"挂勾.ipt"文件，在零件环境设置材质为"**铬合金黑色**"，设置方法参考"步骤（1）"。

（5）新建"部件"文件，完成"锁身"和"挂勾"的装配，步骤参考第 4 章。鼠标移至"ViewCube"并单击右键，在弹出的快捷菜单中选择"**透视模式**"命令，如图 7.6 所示。

图 7.5　"外观编辑器"对话框　　　　　　　图 7.6　透视模式

（6）选择"环境"功能区，单击"Inventor Studio"工具，系统自动添加"渲染"功能区，单击"光源样式"工具，弹出"**光源样式**"对话框，单击"新建光源样式"，展开"默认1"项，单击"光源 1"，并在绘图区拖曳"光源 1"到合适的位置，如图 7.7 所示。

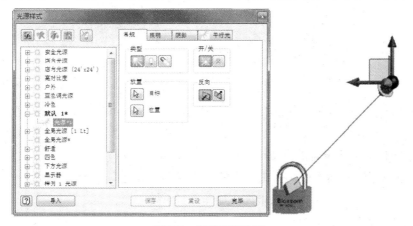

图 7.7　调节光源位置

（7）单击"光源样式"对话框的"默认 1"，单击"阴影"选项卡，选择"类型"为"模糊阴影"，"质量"为"高"，单击【保存】按钮。具体参数的设置如图 7.8 所示。

（8）单击"场景样式"工具，弹出"场景样式"对话框，选择"XY 地平面"，在"类型"选项卡单击"渐变"类型，并将"颜色"选项设置为"灰色"和"白色"，单击【保存】按钮。具体设置如图 7.9 所示。

（9）先调整好产品的位置、角度，单击"相机"工具，在"绘图区"单击鼠标，再双击鼠标，即建立了"照相机 1"。在"浏览器"查找"照相机 1"，并双击鼠标，勾选"链接到视图"选项，这时照相机的角度则以产品的位置及角度为基准进行设置。单击【确定】按钮，如图 7.10 所示。

图 7.8　"光源样式"对话框

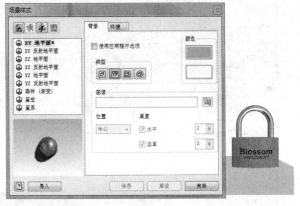

图 7.9　"场景样式"对话框

图 7.10　"照相机"对话框

（10）各选项设置完毕后，单击"渲染图像"命令，弹出"渲染图像"对话框，依次设置"输出图像的大小"、"照相机"、"光源样式"、"场景样式"和"渲染类型"的参数，单击【渲染】按钮，系统自动根据设置的参数进行渲染，如图 7.11 所示。

（11）若渲染图的光线太暗，可重新调整"光源 1"位置，或修改"默认 1*"中的"间接"选项卡，把"环绕"参数的数值增高，如图 7.12 所示。

图 7.11 "渲染图像"对话框

图 7.12 "光源样式"对话框

操作提示

（1）"光源样式"的设置，使产品得到明暗交错的灯光效果，直接关系到渲染后的阴影及效果的好坏。以下是"光源样式"设置的几个要点：

① 系统默认的光源样式太杂乱，在此基础上进行修改较困难，建议自定义光源样式。

② 在自定义光源样式中，有平行光、锥形光、点光源三种。而对于初学者或要求不太高的渲染效果，可以只采用"平行光"样式；其余的光源样式，可通过单击鼠标右键，在弹出的快捷菜单中选择"删除"命令进行删除。

③ 在光源的设置中，最重要的是光源位置的定义。对于平行光来说，一般定义在产品的正上方稍偏一点的位置。

（2）"场景样式"的设置是为产品添加背景效果，共有 4 种类型，分别为"纯色"、"渐变"、"图像"、"图像球体"。在"例 7.1"案例中，使用了"渐变色"为背景；在实际应用中，也有很多使用"图像"作为产品的背景效果，其方法是在"背景"选项卡单击"图像"类型，选择合适的图像作为背景图，"位置"选项一般设为"拉伸"，如图 7.13 所示。

图 7.13 在"场景样式"中"图像"的设置方法

（3）设置不同的"相机"是为了可以对应不同的观察位置和方向，其设置方法有 2 种。第 1 种方法，可以通过拖曳鼠标，确定相机的放置角度；第 2 种方法，先调整好产品的位置、角度，然后直接勾选"照相机"对话框的"链接到视图"选项，则照相机的角度遵循产品摆放的角度进行设置，如"例 7.1"。

（4）本例的操作过程，是渲染产品的一个基本操作步骤。一个漂亮的渲染效果，通常都不能一步到位，是要经过不断地反复调试各参数，才能成功的。

7.2.2 渲染木材、玻璃类产品

例 7.2 渲染放置在木桌上的玻璃杯，如图 7.12 所示。

图 7.12 渲染木桌面和玻璃杯

🔲 操作步骤

（1）双击"桌面.ipt"文件，进入零件环境。单击"快速工具栏"的"外观"下拉菜单，选择"英国橡树"材质，完成桌面材质的设置，如图 7.13 所示。

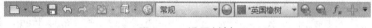

图 7.13 设置材料

（2）新建"部件"文件，把杯子移置在桌面上，并单击鼠标右键，在弹出的快捷菜单中选择"固定"选项，并选中"杯子"零件。

（3）鼠标单击"快速访问工具栏"的"外观"工具，弹出"外观浏览器"，选择"AutoCAD 外观库"选项，单击"AutoCAD 外观库"下拉菜单，选择"玻璃"材质，如图 7.14 所示。

（4）双击"半透明-白色"工具，弹出"外观编辑器：半透明-白色"，修改"外观特性"为"圆柱"，再修改"实心玻璃"选项卡中的各项内容，单击【应用】按钮，如图 7.15 所示。

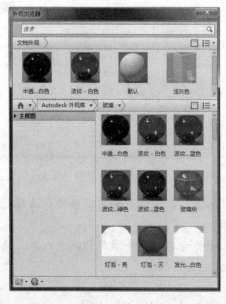

图 7.14 设置杯子的"玻璃"材质

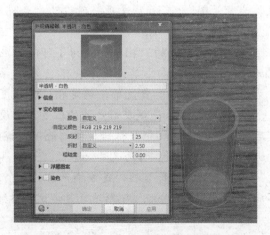

图 7.15 "外观编辑器"对话框

（5）单击"渲染"功能区的"光源样式"工具，弹出"光源样式"对话框，新建光源"默认 1"，在玻璃杯的上方打一盏"平行光"灯，删除或关闭其余两个光源，如图 7.16 所示。

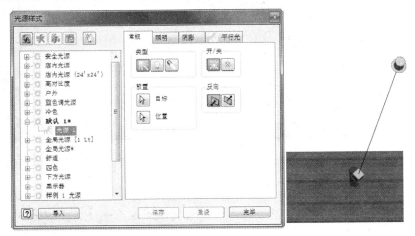

图 7.16　设置"平行光"灯源

（6）单击"渲染"功能区的"场景样式"工具，弹出"场景样式"对话框，选择"XY 地平面"，在"背景"选项卡单击"纯色"类型，选择"白色"为背景，单击【保存】按钮。具体设置如图 7.17 所示。

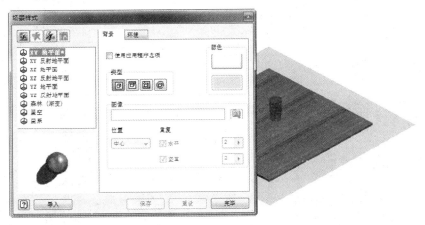

图 7.17　"场景样式"对话框

（7）在视图中调好模型的最佳观察视角，鼠标移至"浏览器"中的"照相机"位置，单击鼠标右键，选择"从视图创建照相机"，如图 7.18 所示。

（8）各选项设置完毕后，单击"渲染图像"工具，弹出"渲染图像"对话框，在"常规"选项卡依次设置"输出图像的大小"、"照相机"、"光源样式"、"场景样式"和"渲染类型"参数，如图 7.19 所示；在"输出"选项卡按实际需求选择"反走样"选项；在"样式"选项卡中不勾选"真实反射"项。单击【渲染】按钮，系统自动根据设置的参数进行渲染。

（9）若对渲染效果不满意，重新调整"步骤（4）～步骤（7）"的各参数及渲染视角。

工程制图软件应用（Inventor 2014）

图 7.18　创建照相机视角

图 7.19　"渲染图像"对话框

操作提示

（1）设置产品材质时，若直接从"外观"的下拉菜单中选择材质，会很费时耗力。但若单击"快速访问工具栏"的"外观"工具，弹出"外观浏览器"对话框，单击"AutoCAD 外观库"，先选择材质的基本类型，然后再在右边的浏览框中按实际要求再细选。这样，会更直观方便。如图 7.20 所示。

（2）若需要调整贴图的大小、比例及旋转角度，单击"快速访问工具栏"的"外观"工具，弹出"外观浏览器"对话框，双击选中所需的材质，弹出该材质的外观编辑器对话框，打开"常规"选项卡，双击"图像"区域，弹出"纹理编辑器"对话框，修改"比例"和"旋转"两个参数，如图 7.21 所示。

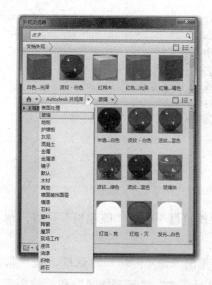

图 7.20　"外观浏览器"对话框

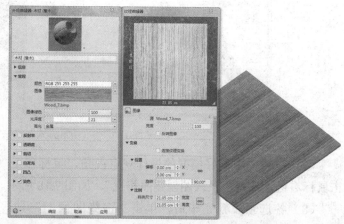

图 7.21　"纹理编辑器"对话框

（3）若需要调整贴图纹理的基本特性，单击"快速访问工具栏"的"外观"工具，弹出"外观浏览器"对话框，双击选中所需的材质，弹出该材质的外观编辑器对话框，通过修改"反射率"、"透明度"、"自发光"、"凹凸"等选项，调整材质的纹理效果，单击【应用】按钮，能在绘图区看到最终效果。如图 7.22 所示为修改"凹凸"选项后，前后效果的对比。

图 7.22　纹理效果设置前后对比

练一练

　　除了玻璃具有透明的特性外，水也具有该特性。当在玻璃杯里装入水后，应如何设置水的渲染参数呢？为本例中的玻璃杯添加水后，进行渲染输出效果，如图 7.19 所示。

　　提示：设置水的"类别"为"液体"，如图 7.20 所示，其余参数设置与玻璃相近。

图 7.19　玻璃杯装入水

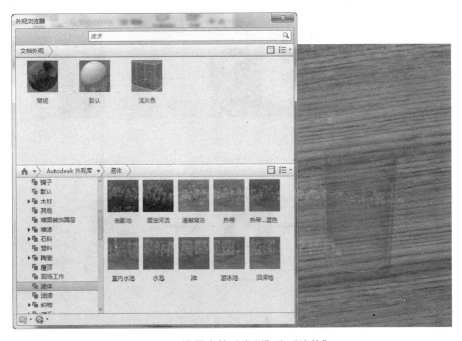

图 7.20　设置水的"类别"为"液体"

7.3 动画渲染概述

1. 动画渲染概述

传统的设计结果以静态输出为主，表达效果受到很大的限制。随着计算机辅助设计软件的发展，表达方法逐渐向动态输出的方向发展。Inventor Studio 提供了动画渲染功能，使产品的可视化表达更为直观和美观。

2. 动画渲染思路

用户在 Inventor Studio 环境下，先对产品的某一方位进行静态渲染，效果满意后才在这方位的基础上，进行动画轨迹的设置，最后进行动画渲染输出。

3. 动画渲染基本流程

① 在部件环境打开产品文件，单击"环境"功能区，激活 **Inventor Studio** 命令；

② 依次设置产品的表面样式、场景样式、光源样式、照相机等相关内容，并查看此时的静态渲染效果，若对效果不满意，重新调整各参数；

③ 按产品的展示要求，单击"照相机动画制作"命令，进行动画轨迹设置；

④ 单击"渲染动画"命令进行动画渲染。

7.4 动画渲染

例 7.3 ┃┃ 制作展示视频，冰箱旋转一圈后，打开冰箱门。如图 7.23 所示。

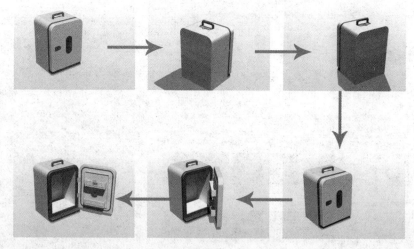

图 7.23

💬 **操作步骤**

（1）双击"**便携式冰箱.iam**"文件，进入部件环境。单击"环境"功能区的"**Inventor Studio**"命令，系统自动添加"**渲染**"功能区。如图 7.24 所示。

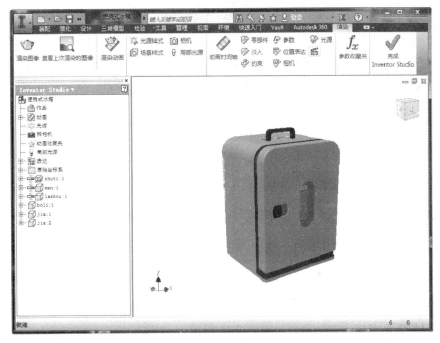

图 7.24 "渲染"功能区

（2）单击工具面板的"光源样式"工具，弹出"光源样式"对话框，新建光源"默认1"，在便携式冰箱的上方打一盏"平行光"灯，删除或关闭其余两个光源，单击【保存】按钮完成。如图 7.25 所示。

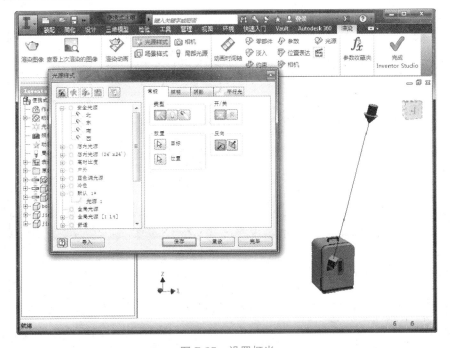

图 7.25 设置灯光

（3）单击工具面板的"场景样式"工具，弹出"场景样式"对话框，选择"XY 地平面"，并单击右键，选择"激活"命令。在"背景"选项卡单击"渐变色"类型，设置"白色

到浅灰"为背景，如图 7.26 所示；在"**环境**"选项卡中设置"**XY**"方向的"**偏移**"量为
"**–10**"，单击【保存】按钮，如图 7.27 所示。

图 7.26　"场景样式"的"环境"选项卡

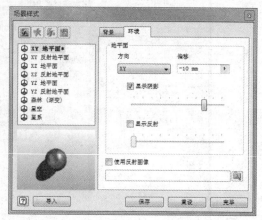

图 7.27　"场景样式"的"环境"选项卡

（4）在绘图区中调整好便携式冰箱的最佳观察视角，在"绘图区"空白处单击鼠标右
键，选择"**从视图创建照相机**"命令，如图 7.28 所示。

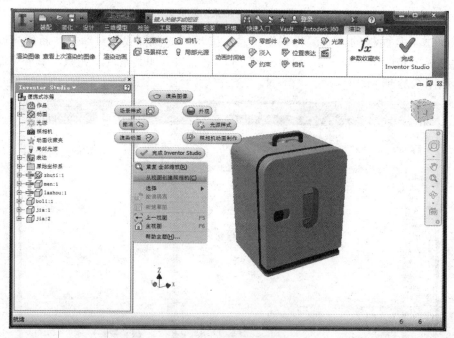

图 7.28　创建照相机

（5）设置完毕"**光源样式**"、"**场景样式**"、"**相机**"后，单击"渲染"功能区的"动画时间
轴"工具，弹出"**动画时间轴**"对话框，如图 7.29 所示。

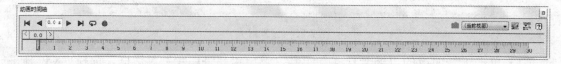

图 7.29　动画时间轴

（6）鼠标右键单击"浏览器"的"照相机 1"，在弹出的快捷菜单中选择"照相机动画制作"命令，如图 7.30 所示。

（7）在"照相机动画制作"对话框中，单击"**转盘**"选项卡，设置"转盘"的"**旋转轴**"、"**方向**"、"**转数**"、"**时间**"等参数，如图 7.31 所示。

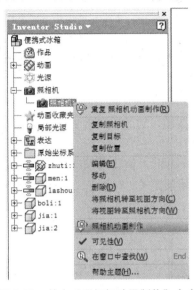

图 7.30　单击"照相机动画制作"命令　　　　图 7.31　照相机动画制作设置

（8）使用鼠标右键单击"浏览器"的"men"零件中的"**角度**"选项，在弹出的快捷菜单中选择"约束动画制作"命令，如图 7.32 所示。

（9）在"约束动画制作"对话框中，设置冰箱门开启的起始角度及持续时间，具体参数的设置如图 7.33 所示。

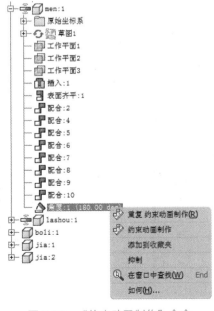

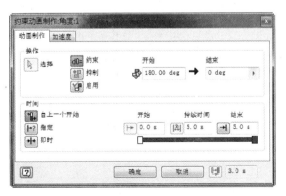

图 7.32　"约束动画制作"命令　　　　图 7.33　约束动画制作参数设置

（10）在"动画时间轴"中，将"**角度**"动画往后拖曳至起始时间在"**5**"的位置上，即前 5 秒播放"旋转一周"动画，从第 5 秒开始播放"角度动画"，如图 7.34 所示。

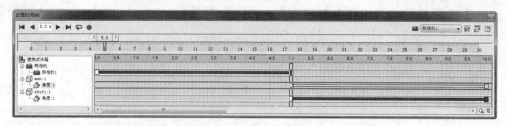

图 7.34　动画时间轴设置

（11）单击"动画时间轴"右上角的"动画选项"按钮，设置动画时间长度为"**10**"秒，如图 7.35 所示。

（10）在"渲染"功能区单击"渲染动画"工具，弹出"**渲染动画**"对话框，修改"**常规**"选项卡的"**输出尺寸**"、"**照相机**"、"**光源样式**"、"**场景样式**"等参数，如图 7.36 所示；修改"**输出**"选项卡的"**保存路径**"、"**时间范围**"等参数，如图 7.37 所示。参数设置完毕后单击【渲染】按钮。

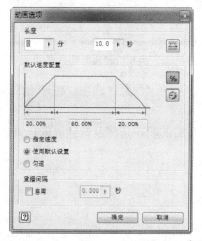

图 7.35　"动画选项"的时间轴设置

图 7.36　"渲染动画"对话框的"常规"选项卡

图 7.37　"渲染动画"对话框的"输出"选项卡

本章小结

　　本章讲解了静态和动画两种渲染形式。静态渲染通过典型的案例，讲述了具有代表性的几种材质的渲染技巧，如金属光泽的渲染、水和玻璃反射特性的渲染，木板纹理的渲染等，并通过特殊材质的渲染，引申出塑料类产品的渲染；而动画渲染，俗称为展示视频，是在静态渲染的基础上，设置动画轨迹，使产品能高质量地、动态地展示出来。

习题 7

1．在装水的玻璃杯中，添加吸管后再进行渲染，效果如图 7.38 所示。

图 7.38　玻璃杯添加吸管

2．找出第 3 章有代表性的产品，如瓷器类的、塑料类的、不锈钢类的、玻璃类的，都放在桌面上进行渲染，渲染效果应能突出产品材质类别特征，如图 7.39 所示。

图 7.39　渲染各类小物件

3．制作一款翻盖手机模型，参考图 7.40。将其分别进行静态渲染和动画渲染。静态渲染要求：背景为浅色的渐变，并设置合适的倒影，材质具有塑料感；动画渲染要求：手机上盖翻开至 120°的位置后合上，再逆时针旋转一周。

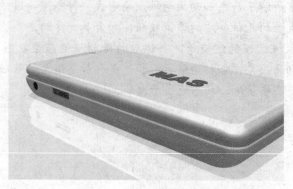

图 7.40　手机渲染效果参考图